개념과 원리를 다지고
계산력을 키우는

왕수학

개념+연산

대한민국 수학학력평가의 새로운 기준!!

KMA
한국수학학력평가

| **시험일자** 상반기 | 매년 6월 셋째주
　　　　　　하반기 | 매년 11월 셋째주

| **응시대상** 초등 1년 ~ 중등 3년 (미취학생 및 상급학년 응시 가능)

| **응시방법** KMA 홈페이지 접수 또는 각 지역별 학원접수처 방문 접수
성적우수자 특전 및 시상 내역 등 기타 자세한 사항은 KMA 홈페이지를 참조하세요.

홈페이지 바로가기
(www.kma-e.com)

▶ 본 평가는 100% 오프라인 평가입니다.

주최 | 한국수학학력평가연구원　　　　주관 | (주)에듀왕

개념과 원리를 다지고
계산력을 키우는

왕수학

개념+연산

4-2

구성과 특징

▎왕수학의 특징

1. 왕수학 개념+연산 → 왕수학 기본 → 왕수학 실력 → 점프 왕수학 최상위 순으로 단계별·난이도별 학습이 가능합니다.

2. 개정교육과정 100% 반영하였습니다.

3. 기본 개념 정리와 개념을 익히는 기본문제를 수록하였습니다.

4. 문제 해결력을 키우는 다양한 창의사고력 문제를 수록하였습니다.

5. 논리력 향상을 위한 서술형 문제를 강화하였습니다.

STEP 3

원리척척

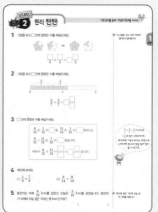

계산력 위주의 문제를 반복 연습하여 계산 능력을 향상 시킵니다.

STEP 2

원리탄탄

기본 문제를 풀어 보면서 개념과 원리를 튼튼히 다집니다.

STEP 1

원리꼼꼼

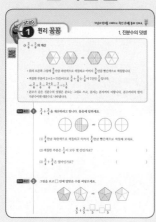

교과서 개념과 원리를 각 주제별로 익히고 원리 확인 문제를 풀어보면서 개념을 이해합니다.

다음 단계로 고고!

왕수학
기본

STEP ⑤

단원평가

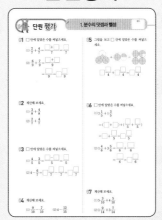

단원별 대표 문제를 풀어서
자신의 실력을 확인해 보고
학교 시험에 대비합니다.

STEP ④

유형콕콕

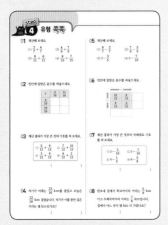

다양한 문제를 유형별로 풀어
보면서 실력을 키웁니다.

차례 | Contents

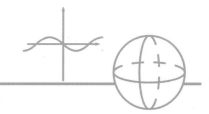

단원 **1** # 분수의 덧셈과 뺄셈

이번에 배울 내용

1 진분수의 덧셈

2 진분수의 뺄셈

3 대분수의 덧셈

4 받아내림이 없는 대분수의 뺄셈

5 (자연수) − (대분수)의 계산

6 받아내림이 있는 대분수의 뺄셈

< 이전에 배운 내용

- 분수 알아보기
- 대분수와 가분수 알아보기
- 분수의 크기 비교하기

> 다음에 배울 내용

- 소수의 덧셈과 뺄셈
- 분모가 다른 분수의 덧셈과 뺄셈

원리 꼼꼼

1. 진분수의 덧셈

❀ $\dfrac{2}{6} + \dfrac{5}{6}$ 의 계산

  ➡

- 위의 오른쪽 그림에 $\dfrac{2}{6}$ 만큼 파란색으로 색칠하고 이어서 $\dfrac{5}{6}$ 만큼 빨간색으로 색칠합니다.

- 색칠한 부분이 2+5=7(칸)이므로 $\dfrac{2}{6} + \dfrac{5}{6}$ 는 $\dfrac{1}{6}$ 이 7칸인 $\dfrac{7}{6}$ 입니다.

➡ $\dfrac{2}{6} + \dfrac{5}{6} = \dfrac{2+5}{6} = \dfrac{7}{6} = 1\dfrac{1}{6}$

- 분모가 같은 진분수의 덧셈은 분모는 그대로 쓰고, 분자는 분자끼리 더합니다. 분수끼리의 합이 가분수이면 대분수로 나타냅니다.

원리 확인 **1** $\dfrac{3}{4} + \dfrac{3}{4}$ 을 계산하려고 합니다. 물음에 답하세요.

  ➡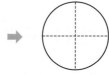

(1) $\dfrac{3}{4}$ 만큼 파란색으로 색칠하고 이어서 $\dfrac{3}{4}$ 만큼 빨간색으로 색칠해 보세요.

(2) 색칠한 부분은 $\dfrac{1}{4}$ 이 모두 몇 칸인가요? ( )

(3) $\dfrac{3}{4} + \dfrac{3}{4}$ 은 얼마인가요? ( )

원리 확인 **2** 그림을 보고 □ 안에 알맞은 수를 써넣으세요.

  ➡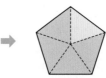

$\dfrac{4}{5} + \dfrac{3}{5} = \dfrac{\square}{5} = \square\dfrac{\square}{5}$

step 2 원리 탄탄

1 그림을 보고 □ 안에 알맞은 수를 써넣으세요.

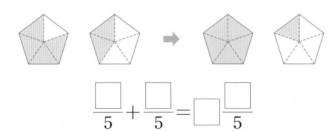

$$\dfrac{\square}{5} + \dfrac{\square}{5} = \square \dfrac{\square}{5}$$

1. 그림을 보고 더한 부분이 얼마인지 알아봅니다.

2 그림을 보고 □ 안에 알맞은 수를 써넣으세요.

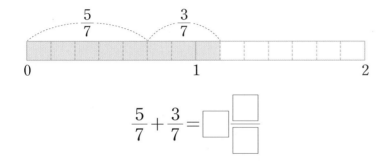

$$\dfrac{5}{7} + \dfrac{3}{7} = \square \dfrac{\square}{\square}$$

3 □ 안에 알맞은 수를 써넣으세요.

$\dfrac{8}{15}$ 은 $\dfrac{1}{15}$ 이 □ 개, $\dfrac{11}{15}$ 은 $\dfrac{1}{15}$ 이 □ 개이므로

$\dfrac{8}{15} + \dfrac{11}{15}$ 은 $\dfrac{1}{15}$ 이 □ 개입니다.

따라서 $\dfrac{8}{15} + \dfrac{11}{15} = \dfrac{\square}{\square} = \square \dfrac{\square}{\square}$ 입니다.

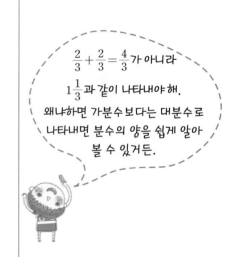

$\dfrac{2}{3} + \dfrac{2}{3} = \dfrac{4}{3}$ 가 아니라 $1\dfrac{1}{3}$ 과 같이 나타내야 해. 왜냐하면 가분수보다는 대분수로 나타내면 분수의 양을 쉽게 알아 볼 수 있거든.

4 계산해 보세요.

(1) $\dfrac{1}{9} + \dfrac{7}{9}$ (2) $\dfrac{9}{14} + \dfrac{8}{14}$

5 동민이는 어제 $\dfrac{6}{10}$ km를 걸었고 오늘은 $\dfrac{3}{10}$ km를 걸었습니다. 동민이가 어제와 오늘 걸은 거리는 몇 km인가요?

(   )

5. 어제 걸은 거리와 오늘 걸은 거리를 더합니다.

step 3 원리 척척

 계산해 보세요. [1~14]

1   $\dfrac{3}{5}+\dfrac{1}{5}$

2   $\dfrac{2}{6}+\dfrac{2}{6}$

3   $\dfrac{3}{7}+\dfrac{2}{7}$

4   $\dfrac{1}{7}+\dfrac{4}{7}$

5   $\dfrac{3}{8}+\dfrac{4}{8}$

6   $\dfrac{6}{8}+\dfrac{1}{8}$

7   $\dfrac{2}{9}+\dfrac{5}{9}$

8   $\dfrac{4}{10}+\dfrac{3}{10}$

9   $\dfrac{4}{11}+\dfrac{6}{11}$

10   $\dfrac{3}{12}+\dfrac{5}{12}$

11   $\dfrac{4}{13}+\dfrac{7}{13}$

12   $\dfrac{7}{15}+\dfrac{2}{15}$

13   $\dfrac{6}{17}+\dfrac{9}{17}$

14   $\dfrac{5}{17}+\dfrac{8}{17}$

계산해 보세요. [15~28]

15 $\dfrac{3}{4} + \dfrac{3}{4}$

16 $\dfrac{4}{5} + \dfrac{2}{5}$

17 $\dfrac{3}{6} + \dfrac{4}{6}$

18 $\dfrac{5}{6} + \dfrac{4}{6}$

19 $\dfrac{6}{7} + \dfrac{5}{7}$

20 $\dfrac{7}{8} + \dfrac{3}{8}$

21 $\dfrac{2}{9} + \dfrac{8}{9}$

22 $\dfrac{6}{9} + \dfrac{7}{9}$

23 $\dfrac{6}{10} + \dfrac{9}{10}$

24 $\dfrac{4}{11} + \dfrac{10}{11}$

25 $\dfrac{7}{11} + \dfrac{6}{11}$

26 $\dfrac{8}{13} + \dfrac{9}{13}$

27 $\dfrac{5}{14} + \dfrac{11}{14}$

28 $\dfrac{8}{15} + \dfrac{12}{15}$

step 1 원리 꼼꼼

개념과 원리를 이해하고 확인 문제를 통해 익혀요.

2. 진분수의 뺄셈

❖ $\dfrac{5}{7} - \dfrac{3}{7}$의 계산

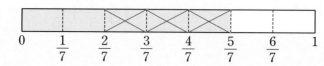

- $\dfrac{5}{7}$만큼 색칠하고 $\dfrac{3}{7}$만큼 ×로 지웁니다.

- 지우고 남는 부분이 $5-3=2$(칸)이므로 $\dfrac{5}{7} - \dfrac{3}{7}$은 $\dfrac{1}{7}$이 2칸인 $\dfrac{2}{7}$입니다.

➡ $\dfrac{5}{7} - \dfrac{3}{7} = \dfrac{5-3}{7} = \dfrac{2}{7}$

- 분모가 같은 진분수의 뺄셈은 분모는 그대로 쓰고, 분자끼리 뺄셈을 합니다. 자연수에서 진분수를 뺄 때에는 자연수 1만큼을 가분수로 고친 후 계산합니다.

 원리 확인 1 $\dfrac{7}{10} - \dfrac{3}{10}$을 계산하려고 합니다. 물음에 답해 보세요.

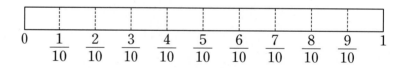

(1) $\dfrac{7}{10}$만큼 색칠하고 색칠된 $\dfrac{7}{10}$에서 $\dfrac{3}{10}$만큼 ×로 지워보세요.

(2) 색칠한 칸에서 ×가 없는 칸은 몇 칸인가요? ( )

(3) $\dfrac{7}{10} - \dfrac{3}{10}$은 얼마인가요? ( )

 원리 확인 2 그림을 보고 □ 안에 알맞은 수를 써넣으세요.

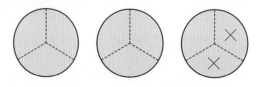

$$3 - \dfrac{2}{3} = (2+1) - \dfrac{2}{3} = 2 + \dfrac{\Box}{3} - \dfrac{2}{3} = \Box\dfrac{\Box}{\Box}$$

1 그림을 보고 □ 안에 알맞은 수를 써넣으세요.

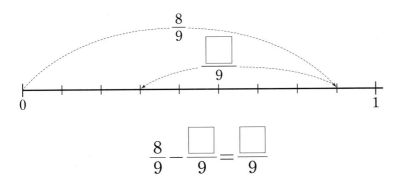

$$\frac{8}{9} - \frac{\boxed{}}{9} = \frac{\boxed{}}{9}$$

2 □ 안에 알맞은 수를 써넣으세요.

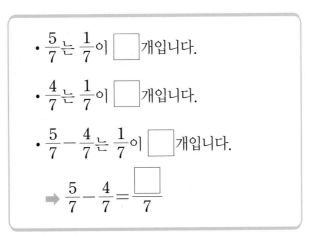

- $\frac{5}{7}$ 는 $\frac{1}{7}$ 이 $\boxed{}$ 개입니다.

- $\frac{4}{7}$ 는 $\frac{1}{7}$ 이 $\boxed{}$ 개입니다.

- $\frac{5}{7} - \frac{4}{7}$ 는 $\frac{1}{7}$ 이 $\boxed{}$ 개입니다.

➡ $\frac{5}{7} - \frac{4}{7} = \frac{\boxed{}}{7}$

2. $\frac{2}{4}$ 는 $\frac{1}{4}$ 이 2개,

$\frac{3}{4}$ 은 $\frac{1}{4}$ 이 3개입니다.

3 □ 안에 알맞은 수를 써넣으세요.

(1) $\frac{9}{12} - \frac{4}{12} = \frac{\boxed{} - \boxed{}}{12} = \frac{\boxed{}}{12}$

(2) $4 - \frac{3}{8} = (3 + \boxed{}) - \frac{3}{8} = 3 + \frac{\boxed{}}{8} - \frac{3}{8} = \boxed{}\frac{\boxed{}}{\boxed{}}$

4 계산해 보세요.

(1) $\frac{11}{13} - \frac{7}{13}$

(2) $5 - \frac{2}{5}$

4. 자연수 1만큼을 가분수로 고쳐서 뺄셈을 합니다.

step 3 원리 척척

 계산해 보세요. [1~14]

1 $\dfrac{4}{5} - \dfrac{2}{5}$

2 $\dfrac{5}{6} - \dfrac{4}{6}$

3 $\dfrac{5}{7} - \dfrac{3}{7}$

4 $\dfrac{6}{8} - \dfrac{1}{8}$

5 $\dfrac{8}{9} - \dfrac{7}{9}$

6 $\dfrac{7}{10} - \dfrac{5}{10}$

7 $\dfrac{9}{10} - \dfrac{4}{10}$

8 $\dfrac{7}{11} - \dfrac{2}{11}$

9 $\dfrac{9}{11} - \dfrac{6}{11}$

10 $\dfrac{10}{12} - \dfrac{8}{12}$

11 $\dfrac{11}{13} - \dfrac{6}{13}$

12 $\dfrac{9}{13} - \dfrac{3}{13}$

13 $\dfrac{12}{14} - \dfrac{7}{14}$

14 $\dfrac{13}{15} - \dfrac{9}{15}$

🌿 계산해 보세요. [15~28]

15 $1 - \dfrac{1}{2}$

16 $2 - \dfrac{3}{4}$

17 $3 - \dfrac{1}{5}$

18 $3 - \dfrac{5}{6}$

19 $4 - \dfrac{3}{7}$

20 $5 - \dfrac{5}{8}$

21 $6 - \dfrac{8}{9}$

22 $5 - \dfrac{6}{9}$

23 $3 - \dfrac{4}{10}$

24 $4 - \dfrac{2}{10}$

25 $7 - \dfrac{10}{13}$

26 $8 - \dfrac{11}{12}$

27 $8 - \dfrac{7}{12}$

28 $9 - \dfrac{12}{13}$

step 1 원리 꼼꼼

❀ $2\frac{4}{5}+1\frac{2}{5}$ 의 계산

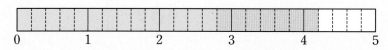

- 위의 그림에 $2\frac{4}{5}$ 만큼 파란색으로 색칠하고 이어서 $1\frac{2}{5}$ 만큼 빨간색으로 색칠합니다.

- 색칠한 부분이 4만큼과 $\frac{1}{5}$ 이므로 $4\frac{1}{5}$ 입니다.

➡ $2\frac{4}{5}+1\frac{2}{5}=(2+1)+(\frac{4}{5}+\frac{2}{5})=3+\frac{6}{5}=4\frac{1}{5}$

                 → 분수 부분의 합이 $\frac{6}{5}$ 이므로 다시 대분수 $1\frac{1}{5}$ 로 나타내어 덧셈을 합니다.

- 분모가 같은 대분수의 덧셈은 자연수는 자연수끼리, 분수는 분수끼리 더한 후 계산 결과가 가분수이면 대분수로 나타냅니다.

---

 1 $1\frac{2}{4}+1\frac{1}{4}$ 을 계산하려고 합니다. 물음에 답해 보세요.

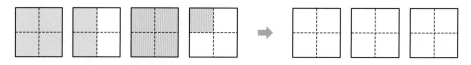

(1) $1\frac{2}{4}$ 만큼 파란색으로 색칠하고 이어서 $1\frac{1}{4}$ 만큼 빨간색으로 색칠해 보세요.

(2) $1\frac{2}{4}+1\frac{1}{4}$ 은 얼마인가요?   (   )

 2 그림을 보고 ☐ 안에 알맞은 수를 써넣으세요.

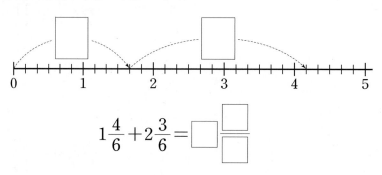

$1\frac{4}{6}+2\frac{3}{6}=$

step 2 원리 탄탄

1 그림을 보고 □ 안에 알맞은 수를 써넣으세요.

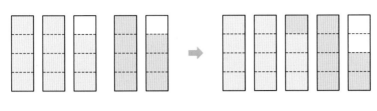

$$\boxed{}\dfrac{\boxed{}}{4}+\boxed{}\dfrac{\boxed{}}{4}=\boxed{}\dfrac{\boxed{}}{4}$$

2 □ 안에 알맞은 수를 써넣으세요.

(1) $1\dfrac{2}{7}+2\dfrac{3}{7}=\left(\boxed{}+\boxed{}\right)+\left(\dfrac{\boxed{}}{7}+\dfrac{\boxed{}}{7}\right)$

$=\boxed{}+\dfrac{\boxed{}}{7}=\boxed{}\dfrac{\boxed{}}{7}$

(2) $4\dfrac{3}{5}+2\dfrac{3}{5}=\left(\boxed{}+\boxed{}\right)+\left(\dfrac{\boxed{}}{5}+\dfrac{\boxed{}}{5}\right)$

$=\boxed{}+\dfrac{\boxed{}}{5}=\boxed{}+\boxed{}\dfrac{\boxed{}}{5}=\boxed{}\dfrac{\boxed{}}{\boxed{}}$

● **2.** 분수 부분의 합이 가분수이면 대분수로 고쳐서 계산합니다.

3 보기 와 같은 방법으로 계산해 보세요.

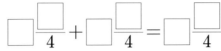

보기
$$1\dfrac{4}{6}+2\dfrac{5}{6}=\dfrac{10}{6}+\dfrac{17}{6}=\dfrac{27}{6}=4\dfrac{3}{6}$$

$$2\dfrac{6}{7}+3\dfrac{2}{7}$$

● **3.** 대분수를 가분수로 고쳐서 덧셈을 하고 가분수를 대분수로 나타냅니다.

4 계산해 보세요.

(1) $3\dfrac{5}{8}+2\dfrac{1}{8}$ (2) $2\dfrac{7}{11}+1\dfrac{6}{11}$

 계산해 보세요. [1~14]

1 $2\dfrac{1}{3}+1\dfrac{1}{3}$

2 $3\dfrac{1}{4}+2\dfrac{2}{4}$

3 $3\dfrac{2}{5}+3\dfrac{1}{5}$

4 $4\dfrac{2}{7}+2\dfrac{4}{7}$

5 $3\dfrac{2}{8}+5\dfrac{5}{8}$

6 $2\dfrac{6}{9}+6\dfrac{1}{9}$

7 $1\dfrac{3}{9}+1\dfrac{4}{9}$

8 $2\dfrac{5}{10}+1\dfrac{3}{10}$

9 $1\dfrac{4}{11}+3\dfrac{2}{11}$

10 $4\dfrac{5}{11}+2\dfrac{4}{11}$

11 $2\dfrac{7}{13}+2\dfrac{4}{13}$

12 $1\dfrac{7}{13}+3\dfrac{5}{13}$

13 $4\dfrac{6}{15}+1\dfrac{7}{15}$

14 $2\dfrac{7}{16}+1\dfrac{5}{16}$

1
단원

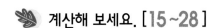
계산해 보세요. [15~28]

15 $2\frac{2}{3}+1\frac{2}{3}$

16 $1\frac{2}{4}+3\frac{3}{4}$

17 $2\frac{3}{5}+2\frac{4}{5}$

18 $2\frac{5}{6}+3\frac{5}{6}$

19 $4\frac{4}{6}+2\frac{5}{6}$

20 $3\frac{4}{7}+2\frac{4}{7}$

21 $4\frac{5}{9}+3\frac{6}{9}$

22 $1\frac{8}{9}+5\frac{7}{9}$

23 $4\frac{7}{10}+4\frac{8}{10}$

24 $5\frac{10}{11}+1\frac{7}{11}$

25 $1\frac{3}{12}+4\frac{11}{12}$

26 $2\frac{7}{13}+5\frac{9}{13}$

27 $6\frac{12}{15}+2\frac{10}{15}$

28 $3\frac{9}{15}+6\frac{14}{15}$

원리 꼼꼼

🍀 $4\frac{3}{4} - 1\frac{2}{4}$ 의 계산

방법 1

— 자연수 부분과 진분수 부분으로 나누어 계산합니다.

➡ $4\frac{3}{4} - 1\frac{2}{4} = (4-1) + (\frac{3}{4} - \frac{2}{4}) = 3 + \frac{1}{4} = 3\frac{1}{4}$

방법 2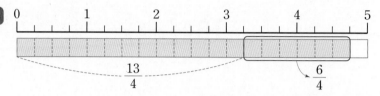

$\frac{13}{4}$ $\frac{6}{4}$

— 대분수를 가분수로 바꾸어 분자 부분만 빼서 계산합니다.

➡ $4\frac{3}{4} - 1\frac{2}{4} = \frac{19}{4} - \frac{6}{4} = \frac{13}{4} = 3\frac{1}{4}$

원리 확인 ① $3\frac{5}{6} - 1\frac{3}{6}$ 을 어떻게 계산하는지 알아보세요.

(1) $3\frac{5}{6}$ 만큼 색칠하고 $1\frac{3}{6}$ 만큼 ×로 지워 보세요.

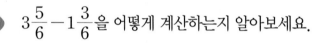

(2) 색칠한 직사각형 중 ×표가 없는 정사각형은 ☐칸이고 이것은 $☐\frac{☐}{6}$ 를 나타냅니다.

(3) $3\frac{5}{6} - 1\frac{3}{6} = (3-1) + (\frac{5}{6} - \frac{☐}{6})$ $= ☐ + \frac{☐}{6}$ $= ☐\frac{☐}{6}$

원리 확인 ② 그림을 보고 ☐ 안에 알맞은 수를 써넣으세요.

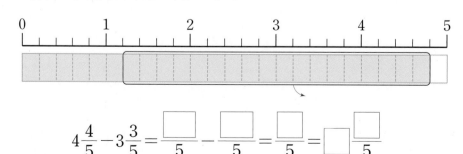

$4\frac{4}{5} - 3\frac{3}{5} = \frac{☐}{5} - \frac{☐}{5} = \frac{☐}{5} = ☐\frac{☐}{5}$

step 2 원리 탄탄

기본 문제를 통해 개념과 원리를 다져요.

1 그림을 보고 □ 안에 알맞은 수를 써넣으세요.

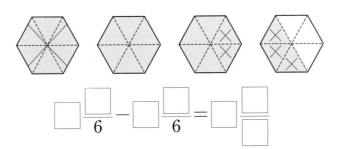

$$\dfrac{\boxed{}}{6} - \dfrac{\boxed{}}{6} = \dfrac{\boxed{}}{\boxed{}}$$

2 □ 안에 알맞은 수를 써넣으세요.

(1) $2\dfrac{5}{8} - 1\dfrac{3}{8} = (\boxed{} - \boxed{}) + (\dfrac{\boxed{}}{8} - \dfrac{\boxed{}}{8})$

$= \boxed{} + \dfrac{\boxed{}}{8} = \boxed{}\dfrac{\boxed{}}{8}$

(2) $5\dfrac{4}{5} - 2\dfrac{1}{5} = \dfrac{\boxed{}}{5} - \dfrac{\boxed{}}{5} = \dfrac{\boxed{}}{5} = \boxed{}\dfrac{\boxed{}}{5}$

> **2.** 받아내림이 없는 대분수의 뺄셈은 자연수는 자연수끼리 분수는 분수끼리 뺄셈을 합니다.

3 빈칸에 알맞은 수를 써넣으세요.

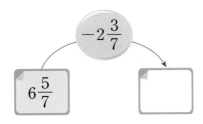

4 □ 안에 알맞은 수를 써넣으세요.

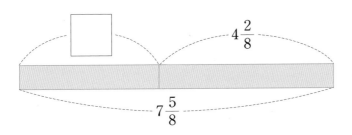

> **4.** (어떤 수)$+\textcircled{\scriptsize ㉠}=\textcircled{\scriptsize ㉡}$에서 (어떤 수)$=\textcircled{\scriptsize ㉡}-\textcircled{\scriptsize ㉠}$입니다.

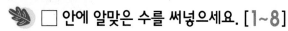 □ 안에 알맞은 수를 써넣으세요. [1~8]

1 $3\frac{3}{4} - 1\frac{2}{4} = (\square - \square) + \left(\dfrac{\square}{4} - \dfrac{\square}{4}\right) = \square + \dfrac{\square}{4} = \square$

2 $5\frac{4}{5} - 2\frac{3}{5} = (\square - \square) + \left(\dfrac{\square}{5} - \dfrac{\square}{5}\right) = \square + \dfrac{\square}{5} = \square$

3 $8\frac{5}{6} - 3\frac{4}{6} = (\square - \square) + \left(\dfrac{\square}{6} - \dfrac{\square}{6}\right) = \square + \dfrac{\square}{6} = \square$

4 $9\frac{7}{9} - 5\frac{3}{9} = (\square - \square) + \left(\dfrac{\square}{9} - \dfrac{\square}{9}\right) = \square + \dfrac{\square}{9} = \square$

5 $3\frac{2}{4} - 2\frac{1}{4} = \dfrac{\square}{4} - \dfrac{\square}{4} = \dfrac{\square}{4} = \square$

6 $5\frac{5}{7} - 3\frac{3}{7} = \dfrac{\square}{7} - \dfrac{\square}{7} = \dfrac{\square}{7} = \square$

7 $7\frac{6}{8} - 2\frac{4}{8} = \dfrac{\square}{8} - \dfrac{\square}{8} = \dfrac{\square}{8} = \square$

8 $9\frac{6}{9} - 5\frac{2}{9} = \dfrac{\square}{9} - \dfrac{\square}{9} = \dfrac{\square}{9} = \square$

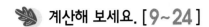 계산해 보세요. [9~24]

9 $2\frac{4}{5} - 1\frac{1}{5}$

10 $3\frac{2}{6} - 1\frac{1}{6}$

11 $4\frac{5}{7} - 2\frac{4}{7}$

12 $5\frac{7}{8} - 4\frac{3}{8}$

13 $5\frac{6}{9} - 2\frac{2}{9}$

14 $4\frac{8}{9} - 1\frac{3}{9}$

15 $3\frac{9}{10} - 1\frac{7}{10}$

16 $6\frac{5}{10} - 3\frac{4}{10}$

17 $4\frac{4}{5} - 2\frac{1}{5}$

18 $5\frac{5}{6} - 3\frac{3}{6}$

19 $6\frac{6}{8} - 2\frac{3}{8}$

20 $7\frac{7}{9} - 3\frac{2}{9}$

21 $8\frac{5}{7} - 3\frac{2}{7}$

22 $9\frac{3}{4} - 5\frac{1}{4}$

23 $10\frac{7}{10} - 4\frac{3}{10}$

24 $12\frac{8}{9} - 4\frac{3}{9}$

5. (자연수)−(대분수)의 계산

❀ $4-1\dfrac{2}{5}$의 계산

방법 1

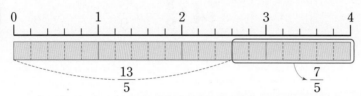

— 자연수에서 1만큼을 분수로 바꾸고, 자연수 부분과 분수 부분으로 나누어 계산합니다.

➡ $4-1\dfrac{2}{5}=3\dfrac{5}{5}-1\dfrac{2}{5}=(3-1)+\left(\dfrac{5}{5}-\dfrac{2}{5}\right)=2+\dfrac{3}{5}=2\dfrac{3}{5}$

방법 2

— 가분수로 바꾸어 분자 부분만 빼서 계산합니다.

➡ $4-1\dfrac{2}{5}=\dfrac{20}{5}-\dfrac{7}{5}=\dfrac{13}{5}=2\dfrac{3}{5}$

원리 확인 ❶ 그림을 보고 □ 안에 알맞은 수를 써넣으세요.

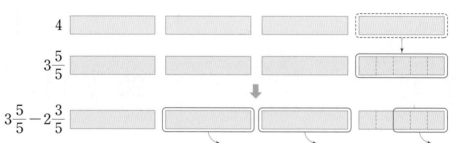

$4-2\dfrac{3}{5}=3\dfrac{\square}{5}-2\dfrac{3}{5}=(\square-2)+\left(\dfrac{\square}{5}-\dfrac{\square}{5}\right)=\square+\dfrac{\square}{5}=\square\dfrac{\square}{5}$

1 그림을 보고 □ 안에 알맞은 수를 써넣으세요.

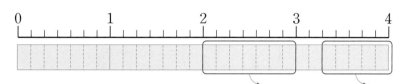

(1) $4 - 1\dfrac{5}{7} = 3\dfrac{\boxed{}}{7} - 1\dfrac{5}{7} = (\boxed{} - \boxed{}) + (\dfrac{\boxed{}}{7} - \dfrac{\boxed{}}{7})$

$= \boxed{} + \dfrac{\boxed{}}{7} = \boxed{}$

(2) $4 - 1\dfrac{5}{7} = \dfrac{\boxed{}}{7} - \dfrac{\boxed{}}{7} = \dfrac{\boxed{}}{7} = \boxed{}$

2 빈칸에 알맞은 수를 써넣으세요.

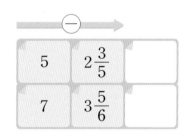

5	$2\dfrac{3}{5}$	
7	$3\dfrac{5}{6}$	

3 계산 결과를 비교하여 □ 안에 >, =, <를 알맞게 써넣으세요.

$$6 - 4\dfrac{5}{7} \bigcirc 7 - 5\dfrac{4}{7}$$

4 어떤 수에 $2\dfrac{3}{7}$ 을 더했더니 8이 되었습니다. 어떤 수를 구해 보세요.

(   )

 ☐ 안에 알맞은 수를 써넣으세요. [1~8]

1 $5 - 2\dfrac{2}{3} = 4\dfrac{\boxed{}}{3} - 2\dfrac{2}{3} = \left(\boxed{} - \boxed{}\right) + \left(\dfrac{\boxed{}}{3} - \dfrac{\boxed{}}{3}\right) = \boxed{} + \dfrac{\boxed{}}{3} = \boxed{}$

2 $6 - 4\dfrac{1}{4} = 5\dfrac{\boxed{}}{4} - 4\dfrac{1}{4} = \left(\boxed{} - \boxed{}\right) + \left(\dfrac{\boxed{}}{4} - \dfrac{\boxed{}}{4}\right) = \boxed{} + \dfrac{\boxed{}}{4} = \boxed{}$

3 $7 - 3\dfrac{3}{5} = 6\dfrac{\boxed{}}{5} - 3\dfrac{3}{5} = \left(\boxed{} - \boxed{}\right) + \left(\dfrac{\boxed{}}{5} - \dfrac{\boxed{}}{5}\right) = \boxed{} + \dfrac{\boxed{}}{5} = \boxed{}$

4 $8 - 5\dfrac{4}{7} = 7\dfrac{\boxed{}}{7} - 5\dfrac{4}{7} = \left(\boxed{} - \boxed{}\right) + \left(\dfrac{\boxed{}}{7} - \dfrac{\boxed{}}{7}\right) = \boxed{} + \dfrac{\boxed{}}{7} = \boxed{}$

5 $9 - 4\dfrac{5}{8} = \dfrac{\boxed{}}{8} - \dfrac{\boxed{}}{8} = \dfrac{\boxed{}}{8} = \boxed{}$

6 $6 - 1\dfrac{4}{9} = \dfrac{\boxed{}}{9} - \dfrac{\boxed{}}{9} = \dfrac{\boxed{}}{9} = \boxed{}$

7 $7 - 2\dfrac{3}{8} = \dfrac{\boxed{}}{8} - \dfrac{\boxed{}}{8} = \dfrac{\boxed{}}{8} = \boxed{}$

8 $10 - 5\dfrac{5}{6} = \dfrac{\boxed{}}{6} - \dfrac{\boxed{}}{6} = \dfrac{\boxed{}}{6} = \boxed{}$

1
단원

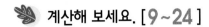 계산해 보세요. [9~24]

9 $4 - 1\frac{9}{15}$

10 $6 - 2\frac{6}{7}$

11 $3 - 2\frac{8}{11}$

12 $15 - 9\frac{4}{7}$

13 $8 - 3\frac{4}{7}$

14 $8 - 5\frac{11}{12}$

15 $7 - 2\frac{4}{5}$

16 $9 - 4\frac{5}{6}$

17 $8 - 4\frac{3}{4}$

18 $10 - 3\frac{3}{7}$

19 $9 - 7\frac{2}{6}$

20 $12 - 4\frac{5}{9}$

21 $11 - 8\frac{7}{9}$

22 $6 - 4\frac{5}{12}$

23 $7 - 4\frac{7}{10}$

24 $15 - 6\frac{4}{9}$

개념과 원리를 이해하고 확인 문제를 통해 익혀요.

원리 꼼꼼

6. 받아내림이 있는 대분수의 뺄셈

🌸 $5\frac{1}{4}-2\frac{3}{4}$ 의 계산

방법 1

$5\frac{1}{4}$

$4\frac{5}{4}$

$4\frac{5}{4}-2\frac{3}{4}$

— 빼지는 분수의 자연수에서 1만큼 받아내림한 뒤, 자연수 부분과 분수 부분으로 나누어 계산합니다.

➡ $5\frac{1}{4}-2\frac{3}{4}=4\frac{5}{4}-2\frac{3}{4}=(4-2)+\left(\frac{5}{4}-\frac{3}{4}\right)=2+\frac{2}{4}=2\frac{2}{4}$

방법 2

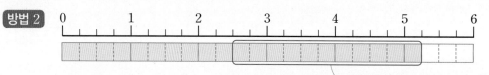

— 대분수를 가분수로 바꾸어 분자 부분만 빼서 계산합니다.

➡ $5\frac{1}{4}-2\frac{3}{4}=\frac{21}{4}-\frac{11}{4}=\frac{10}{4}=2\frac{2}{4}$

원리 확인 그림을 보고 □ 안에 알맞은 수를 써넣으세요.

$5\frac{2}{5}$

$4\frac{7}{5}$

$4\frac{7}{5}-2\frac{3}{5}$

$5\frac{2}{5}-2\frac{3}{5}=4\frac{\boxed{}}{5}-2\frac{3}{5}=(\boxed{}-\boxed{})+\left(\frac{\boxed{}}{5}-\frac{\boxed{}}{5}\right)$

$=\boxed{}+\frac{\boxed{}}{5}=\boxed{}\frac{\boxed{}}{5}$

1 그림을 보고 □ 안에 알맞은 수를 써넣으세요.

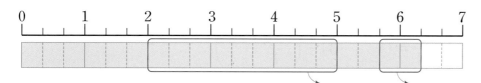

(1) $6\dfrac{1}{3} - 3\dfrac{2}{3} = 5\dfrac{\square}{3} - 3\dfrac{2}{3} = (\square - \square) + \left(\dfrac{\square}{3} - \dfrac{\square}{3}\right)$

$= \square + \dfrac{\square}{3} = \boxed{}$

(2) $6\dfrac{1}{3} - 3\dfrac{2}{3} = \dfrac{\square}{3} - \dfrac{\square}{3} = \dfrac{\square}{3} = \square\dfrac{\square}{3}$

2 잘못 계산한 곳을 찾아 바르게 계산해 보세요.

$$7\dfrac{4}{9} - 5\dfrac{7}{9} = (7-5) + \left(\dfrac{7}{9} - \dfrac{4}{9}\right)$$
$$= 2 + \dfrac{3}{7} = 2\dfrac{3}{7}$$

➡ $7\dfrac{4}{9} - 5\dfrac{7}{9}$

3 계산 결과가 가장 큰 것을 찾아 기호를 써 보세요.

㉠ $4\dfrac{5}{8} - 1\dfrac{7}{8}$　　㉡ $7\dfrac{3}{8} - 4\dfrac{6}{8}$　　㉢ $6\dfrac{1}{8} - 1\dfrac{5}{8}$

(　　　　　　)

4 두 수의 차를 구해 보세요.

$3\dfrac{3}{5}$　　　　$6\dfrac{1}{5}$

(　　　　　　)

4. (두 수의 차)
= (큰 수) − (작은 수)

 ☐ 안에 알맞은 수를 써넣으세요. [1~6]

1 $7\dfrac{2}{4} - 3\dfrac{3}{4} = \boxed{}\dfrac{\boxed{}}{4} - 3\dfrac{3}{4} = (\boxed{} - 3) + \left(\dfrac{\boxed{}}{4} - \dfrac{3}{4}\right)$

$= \boxed{} + \dfrac{\boxed{}}{4} = \boxed{}$

2 $6\dfrac{3}{5} - 2\dfrac{4}{5} = \boxed{}\dfrac{\boxed{}}{5} - 2\dfrac{4}{5} = (\boxed{} - 2) + \left(\dfrac{\boxed{}}{5} - \dfrac{4}{5}\right)$

$= \boxed{} + \dfrac{\boxed{}}{5} = \boxed{}$

3 $8\dfrac{2}{9} - 3\dfrac{7}{9} = \boxed{}\dfrac{\boxed{}}{9} - 3\dfrac{7}{9} = (\boxed{} - \boxed{}) + \left(\dfrac{\boxed{}}{\boxed{}} - \dfrac{\boxed{}}{\boxed{}}\right)$

$= \boxed{} + \dfrac{\boxed{}}{\boxed{}} = \boxed{}$

4 $4\dfrac{1}{6} - 2\dfrac{5}{6} = \dfrac{\boxed{}}{6} - \dfrac{\boxed{}}{6} = \dfrac{\boxed{}}{6} = \boxed{}$

5 $9\dfrac{3}{7} - 2\dfrac{6}{7} = \dfrac{\boxed{}}{7} - \dfrac{\boxed{}}{7} = \dfrac{\boxed{}}{7} = \boxed{}$

6 $8\dfrac{3}{8} - 4\dfrac{5}{8} = \dfrac{\boxed{}}{\boxed{}} - \dfrac{\boxed{}}{\boxed{}} = \dfrac{\boxed{}}{\boxed{}} = \boxed{}$

🍂 계산해 보세요. [7~20]

7 $3\frac{1}{4} - 1\frac{2}{4}$

8 $4\frac{1}{5} - 1\frac{3}{5}$

9 $4\frac{3}{6} - 2\frac{5}{6}$

10 $5\frac{2}{7} - 1\frac{6}{7}$

11 $5\frac{4}{8} - 3\frac{6}{8}$

12 $3\frac{4}{9} - 2\frac{8}{9}$

13 $6\frac{3}{10} - 3\frac{8}{10}$

14 $4\frac{2}{11} - 1\frac{10}{11}$

15 $6\frac{2}{13} - 4\frac{7}{13}$

16 $9\frac{8}{14} - 8\frac{11}{14}$

17 $9\frac{4}{15} - 4\frac{9}{15}$

18 $10\frac{8}{16} - 6\frac{13}{16}$

19 $10\frac{5}{17} - 7\frac{10}{17}$

20 $11\frac{12}{17} - 8\frac{14}{17}$

01 계산해 보세요.

(1) $\dfrac{2}{7} + \dfrac{4}{7}$ (2) $\dfrac{4}{9} + \dfrac{7}{9}$

(3) $\dfrac{8}{11} + \dfrac{6}{11}$ (4) $\dfrac{8}{15} + \dfrac{7}{15}$

02 빈칸에 알맞은 분수를 써넣으세요.

+	$\dfrac{3}{16}$	$\dfrac{11}{16}$
$\dfrac{4}{16}$		
$\dfrac{10}{16}$		

03 계산 결과가 가장 큰 것의 기호를 써 보세요.

㉠ $\dfrac{5}{12} + \dfrac{9}{12}$ ㉡ $\dfrac{7}{12} + \dfrac{10}{12}$

㉢ $\dfrac{3}{12} + \dfrac{9}{12}$ ㉣ $\dfrac{8}{12} + \dfrac{2}{12}$

( )

04 석기가 어제는 $\dfrac{13}{16}$ km를 걸었고 오늘은 $\dfrac{12}{16}$ km 걸었습니다. 석기가 이틀 동안 걸은 거리는 몇 km인가요?

( )

05 계산해 보세요.

(1) $\dfrac{6}{7} - \dfrac{2}{7}$ (2) $\dfrac{7}{9} - \dfrac{5}{9}$

(3) $3 - \dfrac{3}{5}$ (4) $5 - \dfrac{7}{10}$

06 빈칸에 알맞은 분수를 써넣으세요.

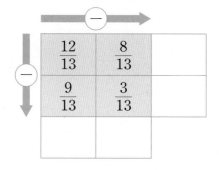

−		
$\dfrac{12}{13}$	$\dfrac{8}{13}$	
$\dfrac{9}{13}$	$\dfrac{3}{13}$	

07 계산 결과가 가장 큰 것부터 차례대로 기호를 써 보세요.

㉠ $5 - \dfrac{3}{10}$ ㉡ $5 - \dfrac{7}{10}$

㉢ $4 - \dfrac{1}{3}$ ㉣ $6 - \dfrac{5}{8}$

( )

08 한초네 집에서 학교까지의 거리는 $\dfrac{5}{8}$ km 이고 우체국까지의 거리는 $\dfrac{7}{8}$ km입니다. 집에서 어느 곳이 몇 km 더 가깝나요?

( )

09 계산해 보세요.

(1) $1\frac{2}{5}+2\frac{1}{5}$ (2) $4\frac{5}{7}+2\frac{6}{7}$

(3) $3\frac{8}{11}+1\frac{4}{11}$ (4) $2\frac{10}{13}+4\frac{6}{13}$

10 계산 결과를 비교하여 ○ 안에 >, =, <를 알맞게 써넣으세요.

$$2\frac{8}{15}+1\frac{11}{15} \ \bigcirc \ 3\frac{7}{15}+1\frac{4}{15}$$

11 다음 세 수 중에서 가장 큰 분수와 가장 작은 분수의 합을 구해 보세요.

$$3\frac{12}{19} \qquad 2\frac{15}{19} \qquad 3\frac{8}{19}$$

( )

12 채소 가게에 양파가 $8\frac{5}{10}$ kg, 호박이 $7\frac{8}{10}$ kg 있습니다. 이 가게에 있는 양파와 호박은 모두 몇 kg인가요?

( )

13 계산해 보세요.

(1) $3-1\frac{1}{5}$ (2) $7-4\frac{4}{9}$

(3) $6\frac{5}{13}-3\frac{10}{13}$ (4) $12\frac{2}{7}-5\frac{6}{7}$

14 관계있는 것끼리 선으로 이어 보세요.

$3\frac{7}{11}-1\frac{2}{11}$ •   • $\frac{8}{11}$

$6\frac{3}{11}-5\frac{6}{11}$ •   • $\frac{9}{11}$

$4\frac{8}{11}-3\frac{10}{11}$ •   • $2\frac{5}{11}$

15 ㉠에서 ㉡까지의 거리는 몇 m인가요?

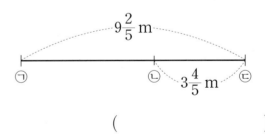

( )

16 물통에 물이 $10\frac{5}{8}$ L 들어 있습니다. 이 중에서 $2\frac{7}{8}$ L를 사용하면 남는 물은 몇 L인가요?

( )

01 □ 안에 알맞은 수를 써넣으세요.

(1) $\dfrac{2}{7} + \dfrac{4}{7} = \dfrac{\boxed{}+\boxed{}}{7} = \dfrac{\boxed{}}{7}$

(2) $\dfrac{6}{9} + \dfrac{7}{9} = \dfrac{\boxed{}+\boxed{}}{9}$

$= \dfrac{\boxed{}}{9} = \boxed{}\dfrac{\boxed{}}{9}$

02 계산해 보세요.

(1) $\dfrac{3}{8} + \dfrac{4}{8}$

(2) $\dfrac{2}{7} + \dfrac{4}{7}$

03 □ 안에 알맞은 수를 써넣으세요.

(1) $\dfrac{4}{5} - \dfrac{3}{5} = \dfrac{\boxed{}-\boxed{}}{5} = \dfrac{\boxed{}}{5}$

(2) $4 - \dfrac{6}{7} = \boxed{}\dfrac{\boxed{}}{7} - \dfrac{\boxed{}}{7} = \boxed{}\dfrac{\boxed{}}{7}$

04 계산해 보세요.

(1) $\dfrac{9}{10} - \dfrac{7}{10}$ (2) $4 - \dfrac{12}{15}$

05 그림을 보고 □ 안에 알맞은 수를 써넣으세요.

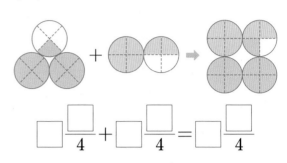

$\boxed{}\dfrac{\boxed{}}{4} + \boxed{}\dfrac{\boxed{}}{4} = \boxed{}\dfrac{\boxed{}}{4}$

06 □ 안에 알맞은 수를 써넣으세요.

(1) $2\dfrac{1}{5} + 1\dfrac{3}{5}$

$= (\boxed{} + \boxed{}) + (\dfrac{\boxed{}}{5} + \dfrac{\boxed{}}{5})$

$= \boxed{} + \dfrac{\boxed{}}{5} = \boxed{}\dfrac{\boxed{}}{5}$

(2) $1\dfrac{4}{6} + 3\dfrac{5}{6} = \dfrac{\boxed{}}{6} + \dfrac{\boxed{}}{6}$

$= \dfrac{\boxed{}}{6} = \boxed{}\dfrac{\boxed{}}{6}$

07 계산해 보세요.

(1) $5\dfrac{3}{10} + 4\dfrac{5}{10}$

(2) $1\dfrac{9}{14} + 3\dfrac{7}{14}$

1 단원

🍃 □ 안에 알맞은 수를 써넣으세요. [08~09]

08 (1) $3\dfrac{4}{6}-1\dfrac{1}{6}$

$=(\boxed{}-\boxed{})+(\dfrac{\boxed{}}{6}-\dfrac{\boxed{}}{6})$

$=\boxed{}+\dfrac{\boxed{}}{6}=\boxed{}\dfrac{\boxed{}}{6}$

(2) $9-5\dfrac{2}{13}=\boxed{}\dfrac{\boxed{}}{13}-\boxed{}\dfrac{\boxed{}}{13}$

$=\boxed{}\dfrac{\boxed{}}{13}$

09 (1) $5\dfrac{4}{7}-3\dfrac{6}{7}$

$=(4-\boxed{})+(\dfrac{\boxed{}}{7}-\dfrac{\boxed{}}{7})$

$=\boxed{}+\dfrac{\boxed{}}{7}=\boxed{}\dfrac{\boxed{}}{7}$

(2) $4\dfrac{2}{8}-2\dfrac{5}{8}=\dfrac{\boxed{}}{8}-\dfrac{\boxed{}}{8}$

$=\dfrac{\boxed{}}{8}=\boxed{}\dfrac{\boxed{}}{8}$

10 계산해 보세요.

(1) $6\dfrac{4}{11}-1\dfrac{2}{11}$

(2) $10\dfrac{1}{8}-6\dfrac{7}{8}$

11 두 수의 합을 구해 보세요.

$$1\dfrac{6}{7} \qquad 3\dfrac{4}{7}$$

(   )

12 빈칸에 알맞은 수를 써넣으세요.

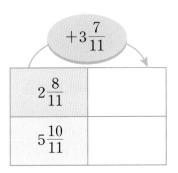

13 관계있는 것끼리 선으로 이어 보세요.

| $2\dfrac{1}{8}+1\dfrac{4}{8}$ | • | • | $3\dfrac{3}{8}$ |

| $1\dfrac{7}{8}+1\dfrac{5}{8}$ | • | • | $3\dfrac{4}{8}$ |

| $2\dfrac{2}{8}+1\dfrac{1}{8}$ | • | • | $3\dfrac{5}{8}$ |

14 계산 결과가 가장 큰 것을 찾아 기호를 써 보세요.

$$\bigcirc\ 2\frac{4}{13}+2\frac{7}{13}$$

$$\bigcirc\ 2\frac{9}{13}+1\frac{11}{13}$$

$$\bigcirc\ 1\frac{8}{13}+2\frac{10}{13}$$

(   )

15 두 수의 차를 구해 보세요.

$$6\frac{6}{14}\qquad 3\frac{8}{14}$$

(   )

16 빈칸에 알맞은 수를 써넣으세요.

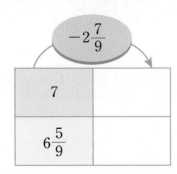

17 계산 결과를 비교하여 ○ 안에 >, =, <를 알맞게 써넣으세요.

$$2\frac{5}{8}+3\frac{6}{8}\ \bigcirc\ 9\frac{3}{8}-2\frac{7}{8}$$

18 빈 곳에 알맞은 수를 써넣으세요.

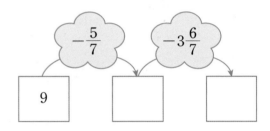

19 계산 결과가 가장 작은 것을 찾아 기호를 써 보세요.

$$\bigcirc\ \frac{15}{17}-\frac{13}{17}$$

$$\bigcirc\ 1-\frac{9}{17}$$

$$\bigcirc\ 2\frac{3}{17}-1\frac{8}{17}$$

(   )

20 □ 안에 들어갈 수를 구해 보세요.

$$5\frac{\square}{8}-2\frac{7}{8}=2\frac{4}{8}$$

(   )

단원 2 삼각형

이번에 배울 내용

이전에 배운 내용

- 직각삼각형 알아보기
- 예각과 둔각 알아보기
- 삼각형의 세 각의 크기의 합 알아보기

다음에 배울 내용

- 여러 가지 사각형 알아보기
- 다각형과 정다각형 알아보기
- 여러 가지 모양 만들기

step 1 원리 꼼꼼

1. 삼각형을 변의 길이에 따라 분류하기

🍀 삼각형을 변의 길이에 따라 분류하기

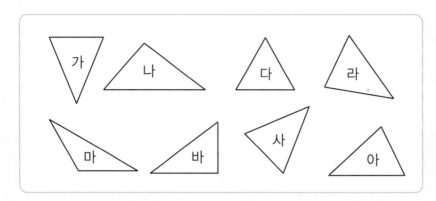

삼 각 형	변의 길이가 모두 다른 삼각형 ➡ 나, 라, 바, 아	
	변의 길이가 같은 삼각형 (이등변삼각형)	두 변의 길이가 같은 삼각형(이등변삼각형) ➡ 가, 다, 마, 사
		세 변의 길이가 같은 삼각형(정삼각형) ➡ 다

주의 정삼각형은 두 변의 길이가 같으므로 이등변삼각형이라고 할 수 있습니다.

 원리 확인 1 삼각형을 보고 ☐ 안에 알맞은 기호나 말을 써넣으세요.

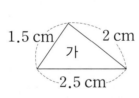 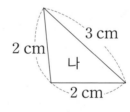 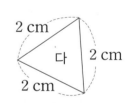

(1) 두 변의 길이가 같은 삼각형은 ☐, ☐이고, 세 변의 길이가 같은 삼각형은 ☐ 입니다.

(2) 두 변의 길이가 같은 삼각형을 [   ]이라 하고, 세 변의 길이가 같은 삼각형을 [   ]이라고 합니다.

(3) 정삼각형은 이등변삼각형이라고 할 수 [   ].

(4) 이등변삼각형은 정삼각형이라고 할 수 [   ].

 그림을 보고 물음에 답하세요. [1~2]

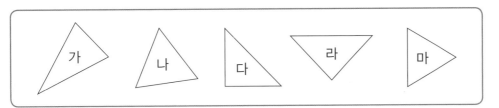

1 이등변삼각형을 모두 찾아 기호를 써 보세요.

(   )

2 정삼각형을 모두 찾아 기호를 써 보세요.

(   )

3 삼각형의 세 변의 길이입니다. 이등변삼각형을 모두 찾아 기호를 써 보세요.

> ㉠ 6 cm, 8 cm, 6 cm
> ㉡ 9 cm, 10 cm, 13 cm
> ㉢ 5 cm, 5 cm, 5 cm

(   )

4 이등변삼각형입니다. □ 안에 알맞은 수를 써넣으세요.

(1)
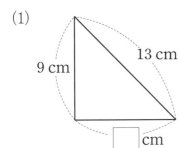

(2)
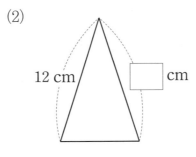

5 정삼각형입니다. □ 안에 알맞은 수를 써넣으세요.

(1)
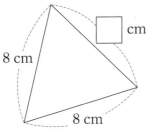

(2)
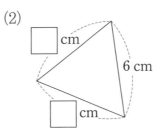

원리 척척

삼각형을 변의 길이에 따라 분류하여 기호를 쓰고, 빈 곳에 알맞은 삼각형의 이름을 써넣으세요.

[1~5]

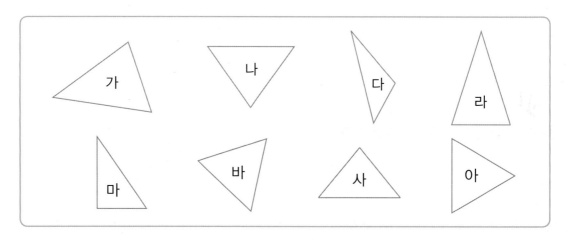

1 변의 길이가 모두 다른 삼각형은 ☐, ☐, ☐입니다.

2 두 변의 길이가 같은 삼각형은 ☐, ☐, ☐, ☐, ☐이고 이 삼각형을 ☐☐☐☐☐☐☐이라고 합니다.

3 변의 길이가 같은 삼각형 중 세 변의 길이가 같은 삼각형은 ☐, ☐이고 이 삼각형을 ☐☐☐☐☐이라고 합니다.

4 세 변의 길이가 같은 정삼각형 ☐와 ☐는 이등변삼각형이라고 할 수 있습니다.

5 두 변의 길이만 같은 삼각형 ☐, ☐, ☐는 정삼각형이라고 할 수 없습니다.

🍂 세 변의 길이가 다음과 같은 삼각형의 이름을 써 보세요. [6~9]

6   4 cm,   3 cm,   4 cm   ➡

7   5 cm,   5 cm,   5 cm   ➡

8   6 cm,   8 cm,   8 cm   ➡

9   7 cm,   7 cm,   7 cm   ➡

🍂 주어진 삼각형이 되도록 세 변의 길이를 정해 보세요. [10~12]

10   이등변삼각형   ➡   3 cm,   4 cm,   ☐ cm 또는 ☐ cm

11   정삼각형   ➡   6 cm,   6 cm,   ☐ cm

12   이등변삼각형   ➡   6 cm,   5 cm,   ☐ cm 또는 ☐ cm

🍀 이등변삼각형

• 두 변의 길이가 같은 삼각형을 이등변삼각형이라고 합니다.

  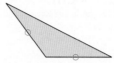

🍀 이등변삼각형의 성질

• 변 ㄱㄴ과 변 ㄱㄷ의 길이가 같은 이등변삼각형은 각 ㄱㄴㄷ과 각 ㄱㄷㄴ의 크기가 같습니다.

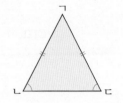

원리 확인 1 삼각형의 세 변의 길이를 재어 보고 이등변삼각형을 찾아 보세요.

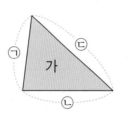 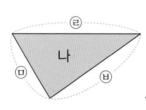 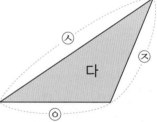

(1) 가의 ㉠의 길이는 [ ] cm, ㉡의 길이는 [ ] cm, ㉢의 길이는 [ ] cm입니다.

(2) 나의 ㉣의 길이는 [ ] cm, ㉤의 길이는 [ ] cm, ㉥의 길이는 [ ] cm입니다.

(3) 다의 ㉦의 길이는 [ ] cm, ㉧의 길이는 [ ] cm, ㉨의 길이는 [ ] cm입니다.

(4) 이등변삼각형은 두 변의 길이가 같은 삼각형이므로 이등변삼각형은 [ ]입니다.

원리 확인 2 오른쪽 이등변삼각형 ㄱㄴㄷ의 세 각의 크기를 재어 보고 물음에 답하세요.

(1) 각도기로 세 각의 크기를 재어 보면 각 ㄱㄴㄷ은 [ ]°,

각 ㄱㄷㄴ은 [ ]°, 각 ㄴㄱㄷ은 [ ]°입니다.

(2) 크기가 같은 각은 [ ]개입니다.

(3) ☐ 안에 알맞은 말을 써넣으세요.

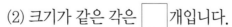

이등변삼각형은 [ ] 각의 크기가 같습니다.

1 삼각형 ㄱㄴㄷ을 보고 물음에 답하세요.

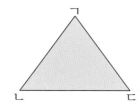

(1) 길이가 같은 변을 모두 찾아 써 보세요. (   )

(2) 위와 같은 삼각형을 무엇이라고 하나요? (   )

2 이등변삼각형을 모두 찾아 기호를 써 보세요.

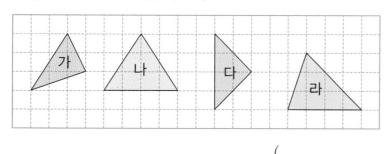

(   )

2.두 변의 길이가 같은 삼각형을 이등변삼각형이라고 합니다.

3 주어진 선분을 한 변으로 하는 이등변삼각형을 그려 보세요.

3.이등변삼각형은 모양에 관계없이 세 변 중 두 변의 길이가 같으면 됩니다.

4 이등변삼각형입니다. □ 안에 알맞은 수를 써넣으세요.

(1)

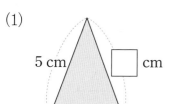

5 cm □ cm

(2)

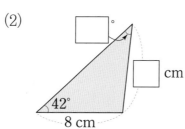

□° □ cm

42°
8 cm

step 3 원리 척척

🍂 이등변삼각형을 모두 찾아 기호를 써 보세요. [1~3]

1

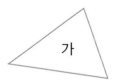

(   )

2

(   )

3

 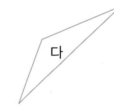

(   )

🍂 이등변삼각형입니다. □ 안에 알맞은 수를 써넣으세요. [4~7]

4

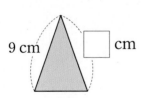

9 cm   □ cm

5

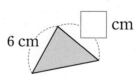

6 cm   □ cm

6

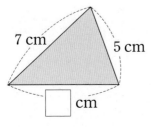

7 cm   5 cm   □ cm

7

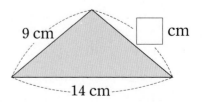

9 cm   □ cm   14 cm

2
단원

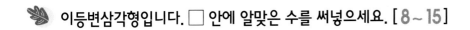 이등변삼각형입니다. □ 안에 알맞은 수를 써넣으세요. [8~15]

8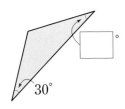

9

10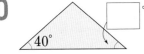

11

12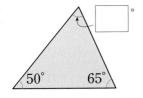

13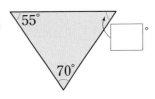

14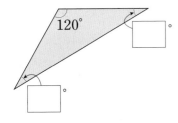

15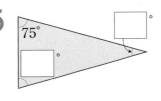

16 모눈종이에 크기가 다른 이등변삼각형을 3개 그려 보세요.

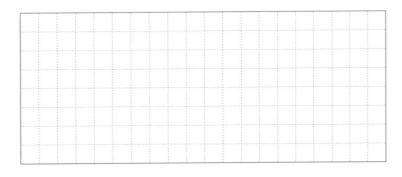

step 1 원리 꼼꼼

3. 정삼각형의 성질 알아보기

🍀 **정삼각형**

• 세 변의 길이가 같은 삼각형을 정삼각형이라고 합니다.

🍀 **정삼각형의 성질**

• 정삼각형은 세 각의 크기가 같습니다.
• 정삼각형은 두 변의 길이가 같으므로 이등변삼각형이라고 할 수 있습니다.

원리 확인 ① 삼각형의 변의 길이를 재어 보고 세 변의 길이가 같은 정삼각형을 찾아보세요.

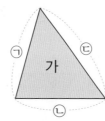 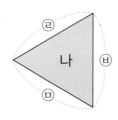 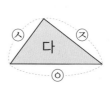

(1) 가의 ㉠의 길이는 ☐ cm, ㉡의 길이는 ☐ cm, ㉢의 길이는 ☐ cm입니다.

(2) 나의 ㉣의 길이는 ☐ cm, ㉤의 길이는 ☐ cm, ㉥의 길이는 ☐ cm입니다.

(3) 다의 ㉦의 길이는 ☐ cm, ㉧의 길이는 ☐ cm, ㉨의 길이는 ☐ cm입니다.

(4) 정삼각형은 세 변의 길이가 같은 삼각형이므로 정삼각형은 ☐ 입니다.

원리 확인 ② 다음과 같이 컴퍼스를 이용하여 그린 삼각형의 성질을 알아보세요.

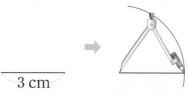

길이가 3 cm인 선분을 그립니다.　한 끝점에서 반지름의 길이가 3 cm인 원의 일부분을 그립니다.　다른 끝점에서 반지름의 길이가 3 cm인 원의 일부분을 그립니다.　만나는 점을 이어 삼각형을 그립니다.

(1) 삼각형 ㄱㄴㄷ의 세 변의 길이는 원의 반지름이 ☐ cm로 모두 같으므로 ☐ 입니다.

(2) 세 각의 크기를 각도기로 재어 보면 각각 ☐ °로 모두 같습니다.

step 2 원리 탄탄

기본 문제를 통해 개념과 원리를 다져요.

1 다음 도형은 변 ㄱㄴ, 변 ㄴㄷ, 변 ㄷㄱ의 길이가 모두 같습니다. 이와 같은 도형을 무엇이라고 하나요?

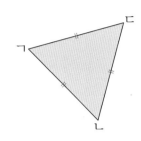

(   )

2 세 각의 크기가 같은 삼각형은 무슨 삼각형인가요?

(   )

3 정삼각형을 모두 찾아 기호를 써 보세요.

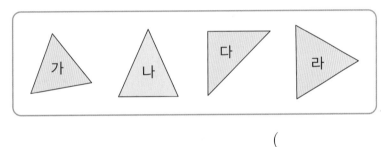

(   )

> 3. 세 변의 길이가 같은 삼각형을 정삼각형이라고 합니다.

4 다음은 정삼각형의 한 변입니다. 정삼각형을 완성해 보세요.

> • 자와 컴퍼스를 가지고 정삼각형을 그리는 방법
> ① 선분을 긋습니다.
> ② 양 끝점에서 ①에서 그은 선분과 같은 길이를 반지름으로 하여 원의 일부분을 그립니다.
> ③ 만나는 점과 양 끝점을 이어 삼각형을 그립니다.

5 정삼각형입니다. ☐ 안에 알맞게 써넣으세요.

(1)
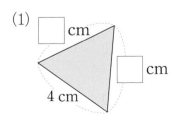

(2)
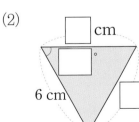

2. 삼각형 · 45

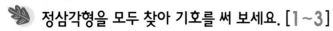

정삼각형을 모두 찾아 기호를 써 보세요. [1~3]

1
   　　(　　　)

2
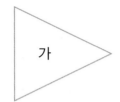 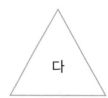 　　(　　　)

3
  　　(　　　)

정삼각형입니다. ☐ 안에 알맞은 수를 써넣으세요. [4~7]

4
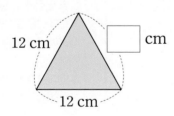

5
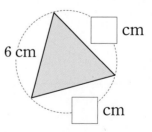

6
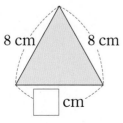

7
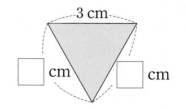

🌿 정삼각형입니다. □ 안에 알맞은 수를 써넣으세요. [8~15]

8
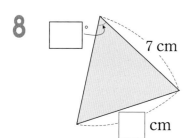
7 cm

☐ cm

9
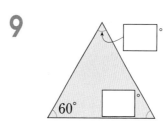
60°

10
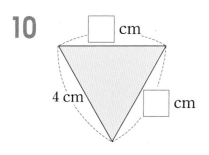
☐ cm
4 cm
☐ cm

11
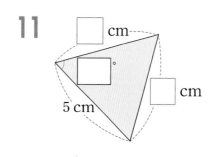
☐ cm
5 cm
☐ cm

12
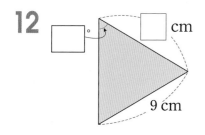
☐ cm
9 cm

13
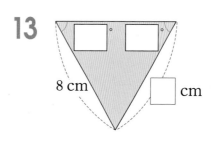
8 cm
☐ cm

14
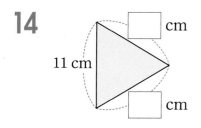
☐ cm
11 cm
☐ cm

15
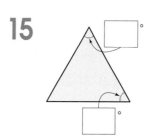

step 1 원리 꼼꼼

4. 예각삼각형과 둔각삼각형 알아보기

· 0°< 예각 < 90°
· 직각 = 90°
· 90°< 둔각 < 180°

❋ **예각삼각형**

· 세 각이 모두 예각인 삼각형을 예각삼각형이라고 합니다.

❋ **둔각삼각형**

· 한 각이 둔각인 삼각형을 둔각삼각형이라고 합니다.

  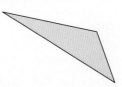

원리 확인 ① 삼각형을 보고 ☐ 안에 알맞은 말을 써넣으세요.

㉮ 　　㉯
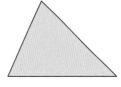　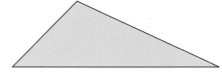

㉮는 세 각이 모두 [　　] 이므로 [　　　　] 이고 ㉯는 한 각이 [　　] 이므로

[　　　　] 입니다.

원리 확인 ② 여러 가지 삼각형이 있습니다. ☐ 안에 알맞게 써넣으세요.

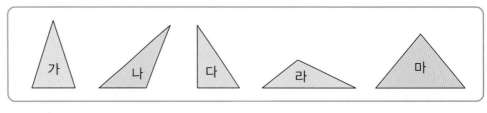

(1) 예각삼각형은 세 각이 모두 [　　] 인 삼각형입니다.

(2) 예각삼각형은 [　], [　] 입니다.

(3) 둔각삼각형은 한 각이 [　　] 인 삼각형입니다.

(4) 둔각삼각형은 [　], [　] 입니다.

기본 문제를 통해 개념과 원리를 다져요.

1 예각삼각형을 모두 찾아 기호를 써 보세요.

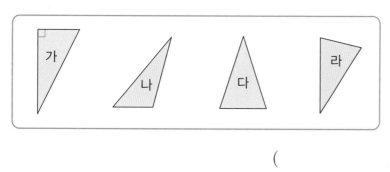

(　　　　　　　　)

1. 예각삼각형은 세 각이 모두 예각입니다.

2 둔각삼각형을 찾아 ○표 하세요.

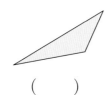　　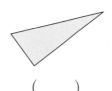

(　　)　　　　(　　)　　　　(　　)

2. 세 각 중 한 각이라도 둔각 이면 둔각삼각형입니다.

3 점 종이에서 주어진 선분을 한 변으로 하고, 점 ㉠, ㉡, ㉢, ㉣을 한 꼭짓점으로 하는 삼각형을 그릴 때, 예각삼각형을 그리려면 어느 점을 택해야 하는지 기호를 모두 써 보세요.

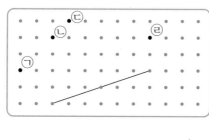

(　　　　　　　　)

4 오른쪽 그림에서 찾을 수 있는 크고 작은 둔각삼각형은 모두 몇개인가요?

(　　　　　　　　)

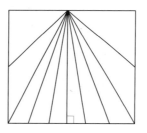

예각은 '예', 둔각은 '둔'으로 (   ) 안에 써넣으세요. [1~6]

1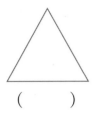
(   )

2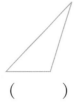
(   )

3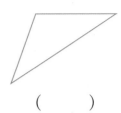
(   )

4
(   )

5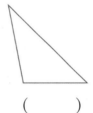
(   )

6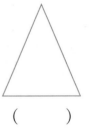
(   )

7 예각삼각형과 둔각삼각형을 모두 찾아 써 보세요.

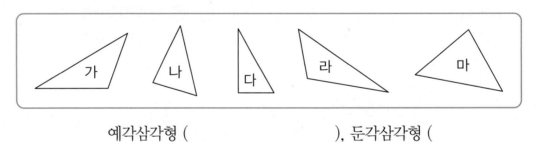

예각삼각형 (   ), 둔각삼각형 (   )

8 주어진 선분을 한 변으로 하는 예각삼각형과 둔각삼각형을 그려 보세요.

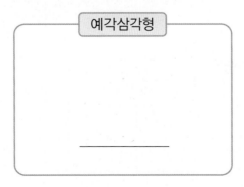

예각삼각형

둔각삼각형

예각삼각형과 둔각삼각형을 모두 찾아 기호를 써 보세요. [9~14]

9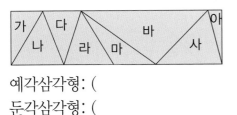

예각삼각형: (   )
둔각삼각형: (   )

10

예각삼각형: (   )
둔각삼각형: (   )

11

예각삼각형: (   )
둔각삼각형: (   )

12

예각삼각형: (   )
둔각삼각형: (   )

13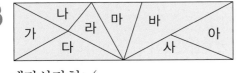

예각삼각형: (   )
둔각삼각형: (   )

14

예각삼각형: (   )
둔각삼각형: (   )

15 모눈종이에 예각삼각형을 2개 그려 보세요.

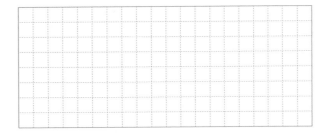

16 모눈종이에 둔각삼각형을 2개 그려 보세요.

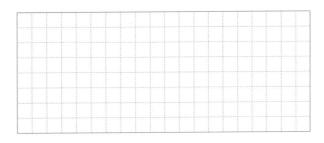

step 1 원리 꼼꼼

🌸 삼각형을 두 가지 기준으로 분류하기

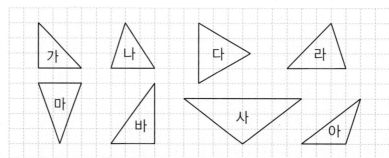

변의 길이 \ 각의 크기	예각삼각형	둔각삼각형	직각삼각형
정삼각형	다		
이등변삼각형	다, 마	사	가
세 변의 길이가 모두 다른 삼각형	나, 라	아	바

➡ 정삼각형은 항상 예각삼각형입니다.
➡ 이등변삼각형은 각의 크기에 따라 예각삼각형, 둔각삼각형, 직각삼각형이 될 수 있습니다.

원리 확인 ➊ □ 안에 알맞은 삼각형의 이름을 써넣으세요.

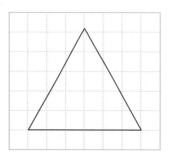

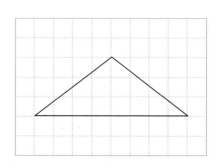

(1) 이 삼각형은 세 변의 길이가 같기 때문에 [   ]입니다.

(2) 이 삼각형은 예각이 3개 있기 때문에 [   ]입니다.

(3) 이 삼각형은 두 각의 크기가 같기 때문에 [   ]입니다.

(4) 이 삼각형은 두 변의 길이가 같기 때문에 [   ]입니다.

(5) 이 삼각형은 둔각이 있기 때문에 [   ]입니다.

(6) 이 삼각형은 두 각의 크기가 같기 때문에 [   ]입니다.

step 2 원리 탄탄

삼각형을 분류하여 기호를 써 보세요. [1~3]

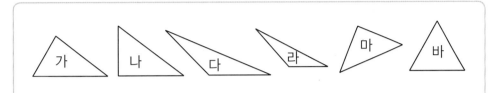

1 변의 길이에 따라 삼각형을 분류해 보세요.

이등변삼각형	
세 변의 길이가 모두 다른 삼각형	

2 각의 크기에 따라 삼각형을 분류해 보세요.

예각삼각형	둔각삼각형	직각삼각형

3 변의 길이와 각의 크기에 따라 삼각형을 분류해 보세요.

	예각삼각형	둔각삼각형	직각삼각형
이등변 삼각형			
세 변의 길이가 모두 다른삼각형			

4 삼각형 ㄱㄴㄷ의 이름이 될 수 있는 것을 모두 고르세요. (   )

① 예각삼각형   ② 둔각삼각형
③ 직각삼각형   ④ 이등변삼각형
⑤ 정삼각형

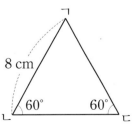

step 3 원리 척척

1 삼각형을 분류하여 기호를 써넣으세요.

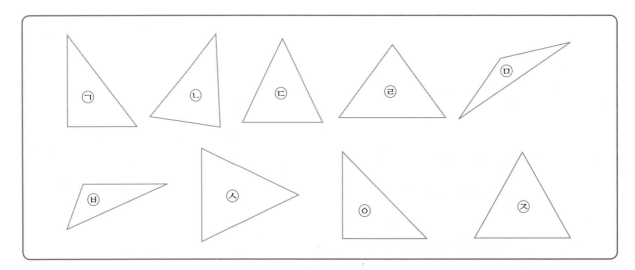

각의 크기 변의 길이	예각삼각형	둔각삼각형	직각삼각형
정삼각형			
이등변삼각형			
세 변의 길이가 모두 다른 삼각형			

🍃 세 변의 길이가 다음과 같은 삼각형의 이름을 모두 써 보세요. [2~4]

2 | 4 cm, 4 cm, 4 cm | ➡ | | | | | | |

3 | 15 cm, 8 cm, 8 cm | ➡ | | | | |

4 | 6 cm, 2 cm, 6 cm | ➡ | | | | |

보기 에서 설명하는 삼각형을 그려 보세요. [5~9]

5

보기
- 두 변의 길이가 같습니다.
- 세 각이 예각입니다.

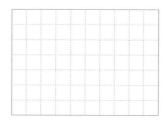

6

보기
- 두 변의 길이가 같습니다.
- 한 각이 둔각입니다.

7

보기
- 두 변의 길이가 같습니다.
- 한 각이 직각입니다.

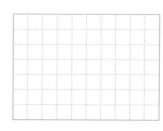

8

보기
- 세 변의 길이가 모두 다릅니다.
- 한 각이 직각입니다.

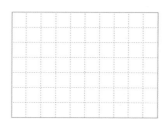

9

보기
- 세 변의 길이가 같습니다.
- 세 각이 예각입니다.

01 이등변삼각형입니다. ☐ 안에 알맞은 수를 써넣으세요.

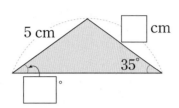

02 이등변삼각형입니다. ☐ 안에 알맞은 수를 써넣으세요.

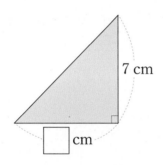

03 이등변삼각형입니다. ☐ 안에 알맞은 수를 써넣으세요.

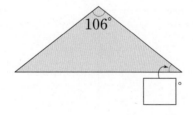

04 삼각형의 세 변의 길이를 나타낸 것입니다. 어떤 삼각형인가요?

7 cm, 13 cm, 7 cm

( )

05 ☐ 안에 알맞은 수를 써넣으세요.

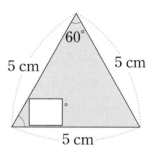

06 정삼각형입니다. ☐ 안에 알맞은 수를 써넣으세요.

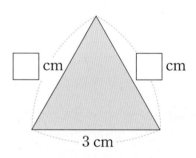

07 도형에서 ㉠과 ㉡의 각도의 합을 구해 보세요.

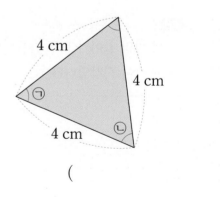

( )

08 한 변이 7 cm인 정삼각형의 세 변의 길이의 합은 몇 cm인가요?

( )

09 ( ) 안에 예각삼각형은 '예', 둔각삼
각형은 '둔'으로 써넣으세요.

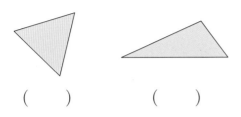

( )　　　　( )

10 도형은 어떤 삼각형인가요?

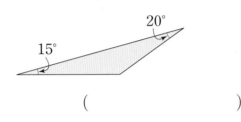

( )

11 직사각형의 종이를 점선을 따라 잘랐습니
다. 예각삼각형을 모두 찾아 기호를 써 보세
요.

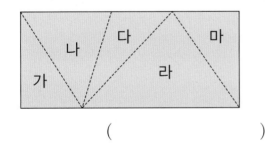

( )

12 그림에서 찾을 수 있는 크고 작은 예각삼각
형은 모두 몇 개인가요?

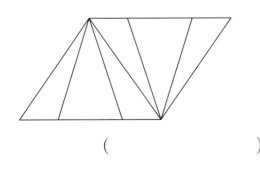

( )

13 그림과 같이 직사각형 모양의 종이를 반으로
접은 뒤 오려서 삼각형 ㄱㄴㄷ을 만들었습니
다. 물음에 답하세요.

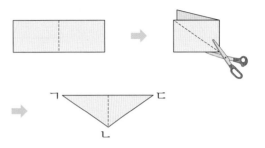

(1) 길이가 서로 같은 변을 찾아 써 보세요.
( )

(2) 이와 같은 삼각형을 무슨 삼각형이라고
하나요? ( )

14 35 cm 길이의 철
사를 모두 사용해
오른쪽 그림과 같
은 이등변삼각형을
만들었습니다. 빈
칸에 알맞은 수를 써넣으세요.

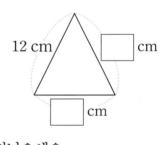

15 삼각형의 세 각의 크기가 다음과 같습니다.
예각삼각형을 모두 고르세요. ( )

① 30°, 120°, 30° ② 55°, 90°, 35°
③ 42°, 58°, 80° ④ 24°, 89°, 67°
⑤ 115°, 5°, 60°

16 오른쪽 이등변삼각형과 세
변의 길이의 합이 같은 정삼
각형의 한 변은 몇 cm인가
요?

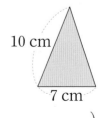

( )

점수

01 다음 중 이등변삼각형은 어느 것인가요?

(   )

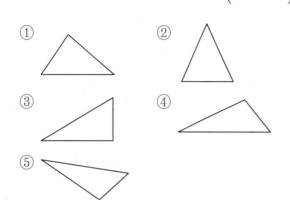

02 다음은 이등변삼각형입니다. □ 안에 알맞은 수를 써넣으세요.

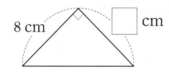

03 다음은 이등변삼각형입니다. 이 삼각형의 세 변의 길이의 합은 몇 cm인가요?

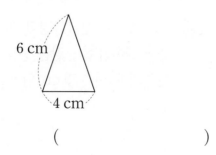

(   )

04 □ 안에 알맞은 수를 써넣으세요.

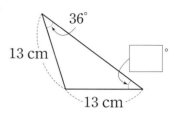

05 다음은 이등변삼각형입니다. 각 ㄱㄷㄴ의 크기는 몇 도인가요?

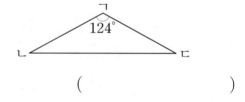

(   )

06 삼각형의 세 변의 길이가 다음과 같을 때, 이등변삼각형이 <u>아닌</u> 것은 어느 것인가요?

(   )

① 7 cm, 5 cm, 6 cm

② 8 cm, 10 cm, 8 cm

③ 6 cm, 6 cm, 6 cm

④ 9 cm, 11 cm, 11 cm

⑤ 13 cm, 13 cm, 12 cm

07 정삼각형을 찾아보세요.

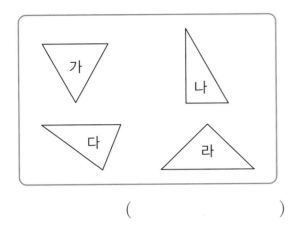

(   )

08 다음은 정삼각형입니다. □ 안에 알맞은 수를 써넣으세요.

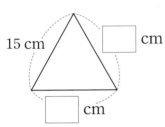

09 정삼각형의 한 각의 크기는 몇 도인가요?

(   )

10 한 변의 길이가 11 cm인 정삼각형의 세 변의 길이의 합은 몇 cm인가요?

(   )

도형을 보고 물음에 답하세요. [11~12]

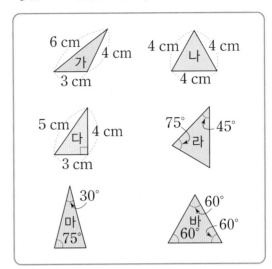

11 이등변삼각형과 정삼각형을 모두 찾아 기호를 써 보세요.

이등변삼각형 ➡ (   )

정삼각형 ➡ (   )

12 예각삼각형과 둔각삼각형을 모두 찾아 기호를 써 보세요.

예각삼각형 ➡ (   )

둔각삼각형 ➡ (   )

13 다음은 삼각형의 세 각의 크기입니다. 정삼각형은 어느 것인가요? (   )

① 45°, 70°, 65°　　② 90°, 40°, 50°

③ 45°, 45°, 90°　　④ 60°, 60°, 60°

⑤ 103°, 67°, 10°

14 컴퍼스를 이용하여 한 변이 4 cm인 정삼각형을 그리는 과정입니다. 순서대로 기호를 써 보세요.

> ㉠ 길이가 4 cm인 선분을 그립니다.
> ㉡ 선분의 양 끝점에서 반지름이 4 cm인 원을 그립니다.
> ㉢ 두 원이 만난 점을 이어 삼각형을 그립니다.

( )

15 예각삼각형과 둔각삼각형을 각각 모두 찾아보세요.

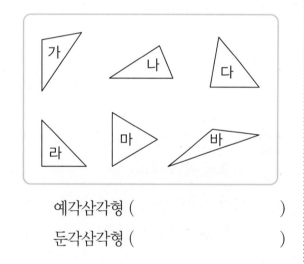

예각삼각형 ( )

둔각삼각형 ( )

16 정삼각형은 예각삼각형, 직각삼각형, 둔각삼각형 중에서 어느 것인가요?

( )

17 세 각의 크기가 70°, 10°, 100°인 삼각형이 있습니다. 이 삼각형은 무슨 삼각형인가요?

( )

18 주어진 선분을 한 변으로 하는 예각삼각형을 그리려고 합니다. 꼭짓점이 될 수 있는 점을 모두 고르세요. ( )

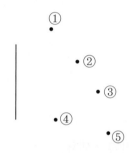

19 주어진 선분을 한 변으로 하는 둔각삼각형을 그려 보세요.

20 □ 안에 알맞은 수를 써넣고, 예각삼각형과 둔각삼각형으로 구분하세요.

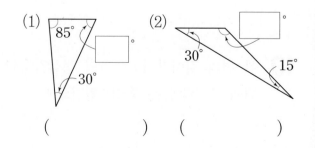

( ) ( )

단원 **3** 소수의 덧셈과 뺄셈

이번에 배울 내용

 이전에 배운 내용

- 세 자리 수, 네 자리 수
- 분수와 소수

다음에 배울 내용

- 소수의 곱셈
- 소수의 나눗셈

step 1 원리 꼼꼼

🍀 0.01 알아보기

- 100으로 나눈 작은 모눈 한 칸은 전체의 $\frac{1}{100}$입니다.
- 분수 $\frac{1}{100}$은 소수로 0.01이라 쓰고 영 점 영일이라고 읽습니다.

$$\frac{1}{100} = 0.01$$

🍀 소수 두 자리 수

분수 $\frac{36}{100}$은 소수로 0.36이라 쓰고 영 점 삼육이라고 읽습니다.

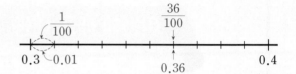

🍀 소수 두 자리 수의 자릿값

분수 $4\frac{53}{100}$을 소수로 4.53이라 쓰고 사 점 오삼이라고 읽습니다.

4.53에서 4는 일의 자리 숫자이고 4를 나타냅니다.
　　　　5는 소수 첫째 자리 숫자이고 0.5를 나타냅니다.
　　　　3은 소수 둘째 자리 숫자이고 0.03을 나타냅니다.

일의 자리	.	소수 첫째 자리	소수 둘째 자리
4	.	5	3

4			
0	.	5	
0	.	0	3

원리 확인 오른쪽과 같이 100칸짜리 모눈종이에 52칸을 색칠하였습니다. 색칠한 부분을 소수로 나타내 보세요.

(1) 색칠된 모눈은 전체의 얼마인지 분수로 나타내면

　　$\dfrac{\Box}{\Box}$입니다.

(2) 분수 $\dfrac{52}{100}$는 $\dfrac{1}{100}$이 $\Box$개이고, 분수 $\dfrac{1}{100}$을 소수로 나타내면 0.01이므로

　　분수 $\dfrac{52}{100}$를 소수로 나타내면 $\Box$입니다.

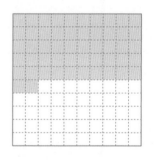

원리 확인 석기의 키는 1 m보다 0.45 m가 더 큽니다. 석기의 키를 소수로 나타내 보세요.

(1) 오른쪽 모눈종이에 $1\dfrac{45}{100}$만큼 색칠해 보세요.

(2) $1\dfrac{45}{100}$를 소수로 나타내면

　　$\Box$입니다.

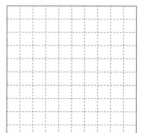 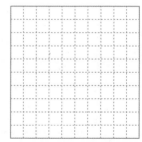

step 2 원리 탄탄

기본 문제를 통해 개념과 원리를 다져요.

1 큰 사각형을 1로 보았을 때, 색칠한 부분을 소수로 나타내 보세요.

(1)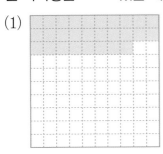

(2)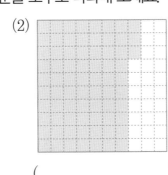

(   )   (   )

2 소수를 읽어 보세요.

(1) 0.35 (   )   (2) 0.69 (   )

(3) 0.81 (   )   (4) 0.56 (   )

3 ☐ 안에 알맞은 소수를 써넣으세요.

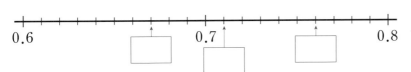

4 수를 보고 ☐ 안에 알맞은 수를 써넣으세요.

2.94

(1) ☐는 일의 자리 숫자이고 ☐를 나타냅니다.

(2) ☐는 소수 첫째 자리 숫자이고 ☐를 나타냅니다.

(3) ☐는 소수 둘째 자리 숫자이고 ☐를 나타냅니다.

5 석기는 어제 3 m의 리본을 사용하였고, 오늘 0.75 m의 리본을 사용하였습니다. 석기가 어제와 오늘 사용한 리본은 모두 몇 m인지 소수로 나타내 보세요.

(   )

---

1. 전체를 100으로 나눈 작은 모눈 한 칸은 전체의 $\frac{1}{100} = 0.01$입니다.

2. 소수점 아래부터는 숫자만 차례대로 읽습니다.
0.15 ➡ 영 점 십오(✕)
0.15 ➡ 영 점 일오(○)

3. 0.6과 0.7 사이를 10등분 하였으므로 작은 눈금 한 칸은 0.01입니다.

4.

일의 자리	소수 첫째 자리	소수 둘째 자리
★ .	▲	■

5. ■와 0.▲●는 ■.▲●라 씁니다.

3. 소수의 덧셈과 뺄셈 · **63**

🌿 소수를 읽어 보세요. [1~6]

1 0.15 ➡ (   )

2 0.32 ➡ (   )

3 0.29 ➡ (   )

4 2.17 ➡ (   )

5 4.56 ➡ (   )

6 7.82 ➡ (   )

🌿 소수로 나타내 보세요. [7~12]

7 영 점 영사 ➡ (   )

8 영 점 사오 ➡ (   )

9 영 점 이일 ➡ (   )

10 일 점 이오 ➡ (   )

11 사 점 오칠 ➡ (   )

12 육 점 구팔 ➡ (   )

🌿 분수를 소수로 나타내고 읽어 보세요. [13~15]

13 $\frac{57}{100}$ ➡ (   ) ➡ (   )

14 $2\frac{36}{100}$ ➡ (   ) ➡ (   )

15 $5\frac{9}{100}$ ➡ (   ) ➡ (   )

□ 안에 알맞은 수를 써넣으세요. [16~24]

16

2.43에서

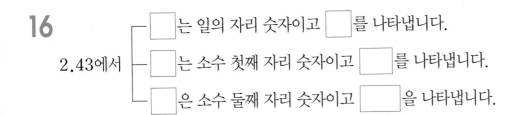

□는 일의 자리 숫자이고 □를 나타냅니다.

□는 소수 첫째 자리 숫자이고 □를 나타냅니다.

□은 소수 둘째 자리 숫자이고 □을 나타냅니다.

17

3.78에서

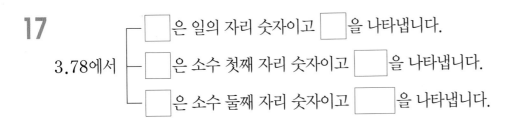

□은 일의 자리 숫자이고 □을 나타냅니다.

□은 소수 첫째 자리 숫자이고 □을 나타냅니다.

□은 소수 둘째 자리 숫자이고 □을 나타냅니다.

18

4.51에서

□는 일의 자리 숫자이고 □를 나타냅니다.

□는 소수 첫째 자리 숫자이고 □를 나타냅니다.

□은 소수 둘째 자리 숫자이고 □을 나타냅니다.

19

6.75는

1이 □개

0.1이 □개   입니다.

0.01이 □개

20

7.42는

1이 □개

0.1이 □개   입니다.

0.01이 □개

21

1이 2개

0.1이 1개   인 수는 □입니다.

0.01이 8개

22

1이 3개

0.1이 5개   인 수는 □입니다.

0.01이 6개

23

1이 8개

0.1이 6개   인 수는 □입니다.

0.01이 3개

24

1이 9개

0.1이 8개   인 수는 □입니다.

0.01이 2개

❀ 소수 세 자리 수

• 분수 $\dfrac{1}{1000}$ 은 소수로 0.001이라 쓰고 영 점 영영일이라고 읽습니다.

• 분수 $\dfrac{34}{1000}$ 는 소수로 0.034라 쓰고 영 점 영삼사라고 읽습니다.

$$\dfrac{1}{1000} = 0.001$$

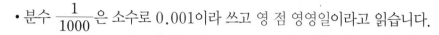

❀ 소수 세 자리 수의 자릿값

• 분수 $7\dfrac{189}{1000}$ 는 7.189라 쓰고 칠 점 일팔구라고 읽습니다.

• 7.189에서

7은 일의 자리 숫자이고 7을 나타냅니다.
1은 소수 첫째 자리 숫자이고 0.1을 나타냅니다.
8은 소수 둘째 자리 숫자이고 0.08을 나타냅니다.
9는 소수 셋째 자리 숫자이고 0.009를 나타냅니다.

일의 자리	.	소수 첫째 자리	소수 둘째 자리	소수 셋째 자리
7	.	1	8	9

7				
0	.	1		
0	.	0	8	
0	.	0	0	9

원리 확인 ① 일요일 아침 한초는 아버지와 함께 자전거를 타고 575 m를 달렸습니다. 자전거를 타고 달린 거리는 몇 km인지 알아보세요.

(1) 1000 m는 ☐ km입니다.

(2) 1 m는 분수로 $\dfrac{1}{\square}$ km이므로 575 m는 분수로 $\dfrac{\square}{\square}$ km입니다.

(3) 분수 $\dfrac{575}{1000}$ 를 소수로 나타내면 ☐ 입니다.

(4) 자전거를 타고 달린 거리는 ☐ km입니다.

원리 확인 ② 4.871의 자릿값을 알아보세요.

(1) 4는 일의 자리 숫자이고 ☐ 를 나타냅니다.

(2) 8은 소수 첫째 자리 숫자이고 ☐ 을 나타냅니다.

(3) 7은 소수 둘째 자리 숫자이고 ☐ 을 나타냅니다.

(4) 1은 소수 셋째 자리 숫자이고 ☐ 을 나타냅니다.

1 ☐ 안에 알맞은 소수를 써넣으세요.

$\dfrac{30}{1000}$ $\dfrac{40}{1000}$ $\dfrac{50}{1000}$

0.03   ☐   0.04   ☐   0.05

> **1.** 작은 눈금 한 칸의 크기는 $\dfrac{1}{1000} = 0.001$입니다.

2 소수를 읽어 보세요.

(1) 0.582 (   )   (2) 0.266 (   )

(3) 0.943 (   )   (4) 0.807 (   )

> **2.** 소수를 읽을 때, 소수점 아래부터는 숫자만 읽습니다.

3 ☐ 안에 알맞은 수를 써넣으세요.

(1) 0.001이 54개인 수는 ☐ 입니다.

(2) 0.001이 68개인 수는 ☐ 입니다.

(3) 0.1이 1개, 0.01이 9개, 0.001이 5개인 수는 ☐ 입니다.

(4) 0.1이 7개, 0.01이 3개, 0.001이 2개인 수는 ☐ 입니다.

> **3.** 0.001이 2개이면 0.002, 0.001이 25개이면 0.025입니다.

4 ☐ 안에 알맞은 수를 써넣으세요.

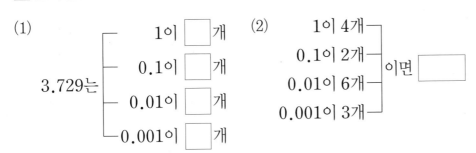

(1) 3.729는   ┌ 1이 ☐ 개
         ├ 0.1이 ☐ 개
         ├ 0.01이 ☐ 개
         └ 0.001이 ☐ 개

(2) ┌ 1이 4개
   ├ 0.1이 2개
   ├ 0.01이 6개 ┤ 이면 ☐
   └ 0.001이 3개

> **4.** ★ . ■ ▲ ♥
> ↑   ↑ ↑ ↑
> 일 소 소 소
> 의 수 수 수
> 자 첫 둘 셋
> 리 째 째 째
>   자 자 자
>   리 리 리

5 석기네 집에서 도서관까지의 거리는 786 m입니다. 석기네 집에서 도서관까지의 거리는 몇 km인가요?

(   )

3 단원

소수를 읽어 보세요. [1~6]

1 0.372 ➡ (   )

2 0.029 ➡ (   )

3 0.154 ➡ (   )

4 1.572 ➡ (   )

5 2.847 ➡ (   )

6 1.986 ➡ (   )

소수로 나타내 보세요. [7~12]

7 영 점 영오구 ➡ (   )

8 영 점 팔영이 ➡ (   )

9 영 점 오삼칠 ➡ (   )

10 일 점 구이일 ➡ (   )

11 이 점 영오육 ➡ (   )

12 삼 점 육오칠 ➡ (   )

☐ 안에 알맞은 수를 써넣으세요. [13~14]

13 7.584에서

　☐ 은 일의 자리 숫자이고 ☐ 을 나타냅니다.

　☐ 는 소수 첫째 자리 숫자이고 ☐ 를 나타냅니다.

　☐ 은 소수 둘째 자리 숫자이고 ☐ 을 나타냅니다.

　☐ 는 소수 셋째 자리 숫자이고 ☐ 를 나타냅니다.

14 9.453에서

　☐ 는 일의 자리 숫자이고 ☐ 를 나타냅니다.

　☐ 는 소수 첫째 자리 숫자이고 ☐ 를 나타냅니다.

　☐ 는 소수 둘째 자리 숫자이고 ☐ 를 나타냅니다.

　☐ 은 소수 셋째 자리 숫자이고 ☐ 을 나타냅니다.

□ 안에 알맞은 수를 써넣으세요. [15~24]

15

3.816은
- 1이 ☐ 개
- 0.1이 ☐ 개
- 0.01이 ☐ 개
- 0.001이 ☐ 개

입니다.

16

6.357은
- 1이 ☐ 개
- 0.1이 ☐ 개
- 0.01이 ☐ 개
- 0.001이 ☐ 개

입니다.

17

7.305는
- 1이 ☐ 개
- 0.1이 ☐ 개
- 0.001이 ☐ 개

입니다.

18

5.084는
- 1이 ☐ 개
- 0.01이 ☐ 개
- 0.001이 ☐ 개

입니다.

19

2.875는
- 1이 ☐ 개
- 0.1이 ☐ 개
- 0.01이 ☐ 개
- 0.001이 ☐ 개

입니다.

20

- 1이 5개
- 0.1이 2개
- 0.01이 3개
- 0.001이 6개

인 수는 ☐ 입니다.

21

- 1이 4개
- 0.1이 8개
- 0.01이 4개
- 0.001이 2개

인 수는 ☐ 입니다.

22

- 1이 9개
- 0.1이 2개
- 0.01이 4개
- 0.001이 3개

인 수는 ☐ 입니다.

23

- 1이 8개
- 0.1이 7개
- 0.001이 2개

인 수는 ☐ 입니다.

24

- 1이 2개
- 0.01이 9개
- 0.001이 8개

인 수는 ☐ 입니다.

동영상강의

🌸 두 소수의 크기 비교하기

• 0.3과 0.30은 같은 수입니다. 소수는 필요한 경우 오른쪽 끝자리에 0을 붙여서 나타낼 수 있습니다.

$$0.3 = 0.30$$

• 자연수 부분이 클수록 크고, 자연수 부분의 크기가 같은 경우 소수 첫째 자리 → 소수 둘째 자리 → 소수 셋째 자리 순으로 비교합니다.

$$\underset{\llcorner 1<2 \lrcorner}{1.574 < 2.076} \qquad \underset{\llcorner 5>4 \lrcorner}{0.593 > 0.418} \qquad \underset{\llcorner 2<3 \lrcorner}{0.625 < 0.631} \qquad \underset{\llcorner 4>1 \lrcorner}{4.374 > 4.371}$$

자연수 부분이 다를 때	소수 첫째 자리 숫자가 다를 때
6.173 > 5.392	0.426 < 0.512
자연수끼리 비교	소수 첫째 자리끼리 비교
소수 둘째 자리 숫자가 다를 때	소수 셋째 자리 숫자가 다를 때
0.251 < 0.263	0.837 > 0.835
소수 둘째 자리끼리 비교	소수 셋째 자리끼리 비교

 원리 확인 ❶ 신영이와 석기가 미술 시간에 철사를 각각 0.48 m, 0.61 m 사용했습니다. 누가 더 많이 사용했는지 알아보세요.

(1) 각각의 모눈종이에 주어진 수만큼 색칠해 보세요.

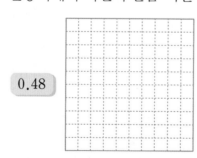
0.48

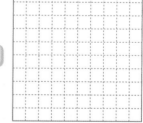
0.61

(2) 모눈종이에 색칠된 칸의 수가 각각 48칸, ☐ 칸이므로 0.48 ◯ 0.61입니다.

(3) 미술 시간에 철사를 더 많이 사용한 사람은 ☐ 입니다.

 원리 확인 ❷ 0.3과 0.30을 비교해 보세요.

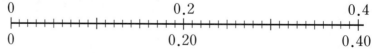

(1) 수직선 위에 0.3을 화살표(↓)로, 수직선 아래에 0.30을 화살표(↑)로 표시해 보세요.

(2) 0.3과 0.30은 같은 점에 표시되었나요?   (   )

(3) 0.3과 0.30은 같은 수인가요?   (   )

step 2 원리 탄탄

기본 문제를 통해 개념과 원리를 다져요.

1 전체 크기가 각각 1일 때, 소수 0.42와 0.69만큼 색칠하고 ○ 안에 >, <를 알맞게 써넣으세요.

0.42 ○ 0.69

작은 모눈 한 칸의 크기는 얼마일까?

전체를 100으로 나눈 작은 모눈 한 칸은 전체의 $\frac{1}{100}$=0.01이야.

3 단원

2 두 수의 크기를 비교하여 ○ 안에 >, <를 알맞게 써넣으세요.

(1) 0.9 ○ 1.4   (2) 0.215 ○ 0.273

(3) 0.81 ○ 0.67   (4) 0.792 ○ 0.796

● **2.** 소수의 크기를 비교할 때는 자연수 부분 → 소수 첫째 자리 → 소수 둘째 자리 → 소수 셋째 자리 순으로 비교합니다.

3 소수를 수직선 위에 각각 화살표(↑)로 나타내고 가장 큰 수부터 차례대로 써 보세요.

| 2.03 | 1.94 | 2.16 | 1.87 |

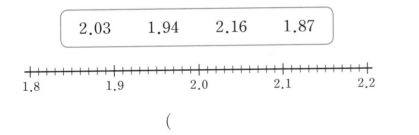

( )

● **3.** 수직선의 작은 눈금 한 칸은 0.01입니다.

4 생략할 수 있는 0이 있는 소수를 모두 찾아 ○표 하세요.

0.50   0.003   0.060   0.501

5 예린이가 가지고 있는 빨간색 끈의 길이는 0.582 m이고, 보라색 끈의 길이는 0.56 m입니다. 어느 끈의 길이가 더 긴가요?

( )

● **5.** 자연수 부분과 소수 첫째 자리 숫자가 같으므로 소수 둘째 자리 숫자의 크기를 비교합니다.

3. 소수의 덧셈과 뺄셈 · **71**

🍂 왼쪽의 수와 같은 수를 찾아 ○표 하세요. [1~3]

1 　1.7 → 　1.07　　1.70　　7.01　　0.17　　7.10

2 　4.6 → 　0.46　　0.64　　4.06　　4.60　　6.04

3 　6.1 → 　6.01　　0.61　　6.10　　1.06　　1.60

🌿 ○ 안에 >, =, <를 알맞게 써넣으세요. [4~11]

4　7.47 ○ 3.72

5　5.82 ○ 6.45

6　8.92 ○ 8.64

7　6.13 ○ 6.06

8　7.59 ○ 7.52

9　4.02 ○ 4.08

10 6.375 ○ 8.355

11 12.437 ○ 8.241

🌿 **가장 큰 소수부터 차례대로 써 보세요. [12~17]**

12

| 0.92 | 1.83 | 1.69 | 0.85 | 1.62 |

( )

13

| 3.84 | 2.76 | 0.98 | 2.79 | 3.26 |

( )

14

| 1.72 | 2.99 | 2.84 | 1.99 | 2.85 |

( )

15

| 0.274 | 0.926 | 0.342 | 0.352 | 0.971 |

( )

16

| 1.347 | 1.417 | 1.429 | 1.352 | 1.359 |

( )

17

| 2.75 | 3.203 | 5.124 | 3.712 | 2.705 |

( )

step 1 원리 꼼꼼

4. 소수 사이의 관계 알아보기

🍀 **소수 사이의 관계 알아보기**

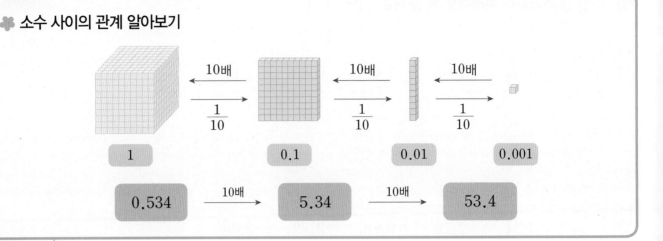

원리 확인 1 왼쪽의 그림을 보고 1, 0.1, 0.01, 0.001 사이의 관계를 알아보세요.

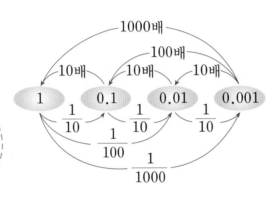

소수를 10배 한 수는 소수점을 오른쪽으로 한 자리, 소수의 $\frac{1}{10}$인 수는 소수점을 왼쪽으로 한 자리 옮깁니다.

(1) 0.001의 1000배는 ☐ 입니다.

(2) 0.001의 100배는 ☐ 입니다.

(3) 0.001의 10배는 ☐ 입니다.

(4) 1의 $\frac{1}{10}$은 ☐ 입니다.

(5) 1의 $\frac{1}{100}$은 ☐ 입니다.

(6) 1의 $\frac{1}{1000}$은 ☐ 입니다.

원리 확인 2 ☐ 안에 알맞은 수를 써넣으세요.

(1) 1은 0.1의 ☐ 배이고, 0.01의 ☐ 배입니다.

(2) 2는 0.02의 ☐ 배이고, 0.002의 ☐ 배입니다.

(3) 0.1의 $\frac{1}{10}$은 ☐ 이고, $\frac{1}{100}$은 ☐ 입니다.

(4) 2.3의 $\frac{1}{10}$은 ☐ 이고, $\frac{1}{100}$은 ☐ 입니다.

1 빈칸에 알맞은 수를 써넣으세요.

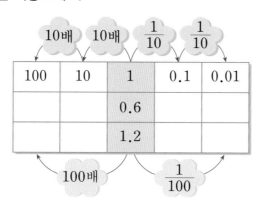

1. 1의 $\frac{1}{10}$은 0.1

1의 $\frac{1}{100}$은 0.01

0.01의 10배는 0.1

0.01의 100배는 1

2 다음 중 3.15를 10배 한 수는 어느 것인가요? ( )

① 315　　　　② 0.315　　　③ 3150

④ 31.5　　　⑤ 0.0315

3 □ 안에 알맞은 수를 써넣으세요.

(1) 4의 $\frac{1}{10}$은 □이고 $\frac{1}{100}$은 □입니다.

(2) 35.5의 $\frac{1}{10}$은 □이고 $\frac{1}{100}$은 □입니다.

(3) 0.82의 10배는 □이고 100배는 □입니다.

(4) 0.519의 10배는 □이고 100배는 □입니다.

4 □ 안에 알맞은 수를 써넣으세요.

(1) 6은 0.6의 □배이고 0.06의 □배입니다.

(2) 0.93은 9.3의 □이고 93의 □입니다.

4. 소수점이 어느 쪽으로 몇 자리 옮겨졌는지 알아봅니다

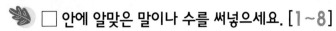

🍂 ☐ 안에 알맞은 말이나 수를 써넣으세요. [1~8]

1 소수점을 ☐ 쪽으로 1칸 이동하면 원래 소수의 $\frac{1}{10}$ 이 됩니다.

2 0.5의 $\frac{1}{10}$ 은 ☐ 이고 $\frac{1}{100}$ 은 ☐ 입니다.

3 4의 $\frac{1}{100}$ 은 ☐ 이고 $\frac{1}{1000}$ 은 ☐ 입니다.

4 17의 $\frac{1}{100}$ 은 ☐ 이고 $\frac{1}{1000}$ 은 ☐ 입니다.

5 소수점을 ☐ 쪽으로 1칸 이동하면 원래 소수의 10배가 됩니다.

6 0.25의 10배는 ☐ 이고 100배는 ☐ 입니다.

7 0.743의 10배는 ☐ 이고 100배는 ☐ 입니다.

8 0.972의 100배는 ☐ 이고 1000배는 ☐ 입니다.

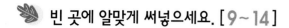 빈 곳에 알맞게 써넣으세요. [9~14]

9

| 구슬 1개의 무게 | ➡ | 구슬 10개의 무게

0.69 kg | ➡ | 구슬 100개의 무게 |

10

| 사탕 10개의 무게 | ➡ | 사탕 100개의 무게

2.5 kg | ➡ | 사탕 1000개의 무게 |

11

| 사과 1개의 무게 | ➡ | 사과 10개의 무게

3.2 kg | ➡ | 사과 100개의 무게 |

12

| 수박 무게의 $\frac{1}{10}$ | ➡ | 수박의 무게

5.8 kg | ➡ | 수박 무게의 10배 |

13

| 상자 무게의 $\frac{1}{10}$ | ➡ | 상자의 무게

36.7 kg | ➡ | 상자 무게의 10배 |

14

| 영수 몸무게의 $\frac{1}{10}$ | ➡ | 영수의 몸무게

38.02 kg | ➡ | 영수 몸무게의 10배 |

01 모눈종이의 전체 크기를 1이라고 할 때, 주어진 수만큼 색칠하고 소수로 나타내 보세요.

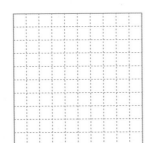

$$\frac{32}{100} = \boxed{}$$

02 $\frac{54}{100}$ 를 소수로 나타내고 읽어 보세요.

소수(   )

읽기(   )

03 □ 안에 알맞은 수를 써넣으세요.

$\frac{65}{100}$ 는 $\frac{1}{100}$ 이 $\boxed{}$ 개이고 0.65는 0.01이 $\boxed{}$ 개입니다.

04 □ 안에 알맞은 수를 써넣으세요.

10이 2개, 1이 3개, $\frac{1}{100}$ 이 86개인 수는 $\boxed{}$ 입니다.

05 □ 안에 알맞은 수를 써넣으세요.

(1) 0.001이 3개인 수는 $\boxed{}$ 입니다.

(2) 0.001이 9개인 수는 $\boxed{}$ 입니다.

(3) 0.001이 21개인 수는 $\boxed{}$ 입니다.

(4) 0.001이 674개인 수는 $\boxed{}$ 입니다.

06 소수를 읽어 보세요.

(1) 0.006   (   )

(2) 0.083   (   )

(3) 0.572   (   )

(4) 0.907   (   )

07 □ 안에 알맞은 수를 써넣으세요.

1이   6개 ㄱ
0.1이   3개 ㅏ
0.01이   7개 ├ 이면 $\boxed{}$
0.001이   5개 ㅘ

08 지민이는 매일 아침 1 km씩 9일 동안 한강 공원을 걷고 10일째 되는 날에 0.658 km 를 걸었습니다. 지민이가 10일 동안 한강 공 원을 걸은 거리는 모두 몇 km인지 소수로 나타내 보세요.

(   )

09 가장 큰 소수부터 차례대로 써 보세요.

| 2.024 | 0.024 | 0.204 | 1.224 |

( )

10 두 수의 크기를 비교하여 ○ 안에 >, =, <를 알맞게 써넣으세요.

9.16의 100배 ◯ 916의 $\frac{1}{10}$

11 영삼이가 가지고 있는 철사의 길이는 0.694 m이고, 슬기가 가지고 있는 철사의 길이는 52.8 cm입니다. 누구의 철사의 길이가 더 긴가요?

( )

12 태현이의 몸무게는 37.47 kg이고, 주리의 몸무게는 36.852 kg, 인호의 몸무게는 37.5 kg입니다. 세 사람 중 몸무게가 가장 무거운 사람은 누구인가요?

( )

13 □ 안에 알맞은 수를 써넣으세요.

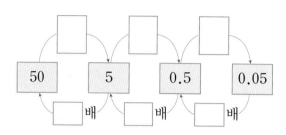

14 □ 안에 알맞은 수를 써넣으세요.

(1) 3.4는 0.34의 □배입니다.

(2) 9는 0.09의 □배입니다.

(3) 0.002는 0.2의 $\frac{1}{□}$입니다.

(4) 0.831은 831의 $\frac{1}{□}$입니다.

15 □ 안에 알맞은 수를 써넣으세요.

61.7의 $\frac{1}{10}$은 □이고 $\frac{1}{100}$은 □입니다.

16 ㉠이 나타내는 값은 ㉡이 나타내는 값의 몇 배인가요?

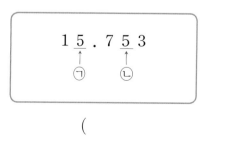

( )

5. 소수 한 자리 수의 덧셈 알아보기

🌸 **받아올림이 없는 소수 한 자리 수의 덧셈**

$$0.5 + 0.3 = \boxed{0.8}$$

$$\begin{array}{r} 0.5 \\ +\ 0.3 \\ \hline 0.8 \end{array}$$

> 0.5는 0.1이 5개이고, 0.3은 0.1이 3개입니다.
> 0.5+0.3은 0.1이 8개이므로 0.8입니다.

🌸 **받아올림이 있는 소수 한 자리 수의 덧셈**

$$0.8 + 1.5 = \boxed{2.3}$$

$$\begin{array}{r} 0.8 \\ +\ 1.5 \\ \hline 2.3 \end{array}$$

> 0.8은 0.1이 8개이고, 1.5는 0.1이 15개입니다.
> 0.8+1.5는 0.1이 23개이므로 2.3입니다.

 원리 확인 ① 0.5+0.4는 얼마인지 알아보세요.

(1) 0.5만큼 파란색으로 색칠하고 이어서 0.4만큼 빨간색으로 색칠해 보세요.

0   0.1 0.2 0.3 0.4 0.5 0.6 0.7 0.8 0.9   1

(2) 색칠한 칸은 모두 ☐ 칸입니다.

(3) 가로셈과 세로셈으로 각각 계산해 보세요.

$$0.5 + 0.4 = \boxed{}$$

$$\begin{array}{r} 0.5 \\ +\ 0.4 \\ \hline \boxed{}.\boxed{} \end{array}$$

원리 확인 ② 0.7+1.6을 어떻게 계산하는지 알아보세요.

(1) 0.7은 0.1이 ☐ 개이고, 1.6은 0.1이 ☐ 개입니다.

(2) 0.7+1.6은 0.1이 7+16=☐ (개)입니다.

(3) 0.7+1.6=☐ 입니다.

(4) 0.7+1.6을 세로셈으로 계산해 보세요.

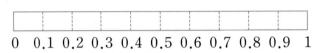

$$\begin{array}{r} 0.7 \\ +\ 1.6 \\ \hline \end{array} \Rightarrow \begin{array}{l} 0.7 \to 0.1이\ \boxed{}개 \\ +\ 1.6 \to 0.1이\ \boxed{}개 \\ \hline 0.1이\ \boxed{}개 \end{array} \Rightarrow \begin{array}{r} 0.7 \\ +\ 1.6 \\ \hline \boxed{} \end{array}$$

step 2 원리 탄탄

기본 문제를 통해 개념과 원리를 다져요.

1 그림을 보고 □ 안에 알맞은 수를 써넣으세요.

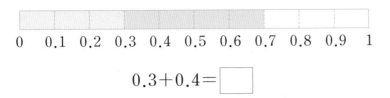

$$0.3+0.4= \boxed{}$$

2 □ 안에 알맞은 수를 써넣으세요.

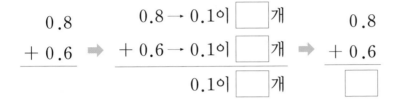

3 계산해 보세요.

(1)
$$\begin{array}{r} 0.5 \\ +\ 0.2 \\ \hline \end{array}$$

(2)
$$\begin{array}{r} 0.7 \\ +\ 0.8 \\ \hline \end{array}$$

(3)
$$\begin{array}{r} 0.4 \\ +\ 1.9 \\ \hline \end{array}$$

(4)
$$\begin{array}{r} 1.6 \\ +\ 0.9 \\ \hline \end{array}$$

(5) $0.2+0.7$

(6) $0.7+2.6$

4 상연이가 용희에게 보낸 생일 파티 초대장입니다. 학교에서 놀이터를 지나 상연이네 집까지의 거리는 몇 km인가요?

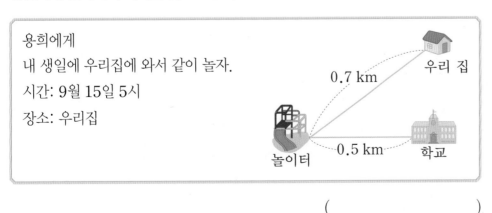

용희에게
내 생일에 우리집에 와서 같이 놀자.
시간: 9월 15일 5시
장소: 우리집

0.7 km 우리 집
0.5 km 학교
놀이터

(   )

1. 전체 몇 칸이 색칠되었는지 알아봅니다.

2. 소수 첫째 자리 숫자끼리의 합이 10이거나 10보다 크면 일의 자리로 받아올림하여 계산합니다.

$$\begin{array}{r} 0.5 \\ +\ 0.7 \\ \hline 0.12 \end{array} \quad \begin{array}{r} 1\ \ \ \\ 0.5 \\ +\ 0.7 \\ \hline 1.2 \end{array}$$
(×)   (○)

3. 소수의 덧셈은 소수점의 자리를 맞추어 쓴 다음, 자연수의 덧셈과 같은 방법으로 계산하고 소수점을 그대로 내려 찍습니다.

3
단원

□ 안에 알맞은 수를 써넣으세요. [1~8]

1
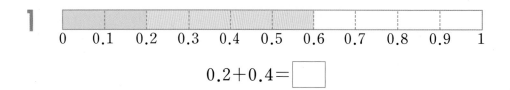
0.2+0.4=□

2
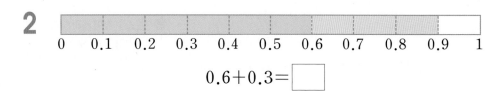
0.6+0.3=□

3
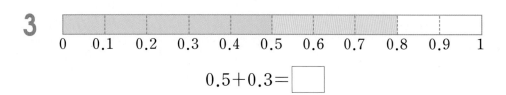
0.5+0.3=□

4
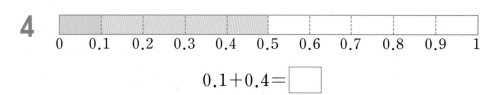
0.1+0.4=□

5
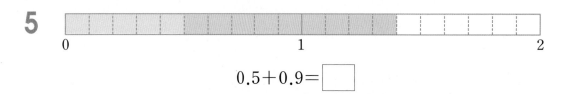
0.5+0.9=□

6
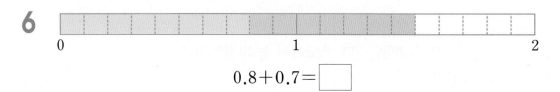
0.8+0.7=□

7
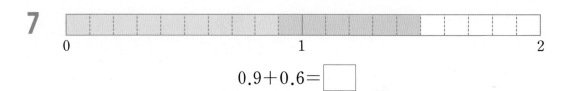
0.9+0.6=□

8
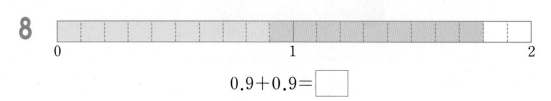
0.9+0.9=□

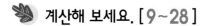 계산해 보세요. [9~28]

9
```
   0.6
 + 0.1
```

10
```
   0.3
 + 0.3
```

11
```
   0.5
 + 0.4
```

12
```
   0.2
 + 0.6
```

13
```
   0.7
 + 0.1
```

14
```
   0.4
 + 0.4
```

15
```
   0.2
 + 0.9
```

16
```
   0.6
 + 0.6
```

17
```
   0.9
 + 0.7
```

18
```
   0.9
 + 0.4
```

19
```
   0.5
 + 0.8
```

20
```
   0.7
 + 0.8
```

21 $0.1+0.8$

22 $0.5+0.2$

23 $0.1+0.5$

24 $0.3+0.6$

25 $0.8+0.8$

26 $0.7+0.6$

27 $0.8+0.9$

28 $0.5+0.7$

step 1 원리 꼼꼼

6. 소수 한 자리 수의 뺄셈 알아보기

🍀 받아내림이 없는 소수 한 자리 수의 뺄셈

$0.7-0.2=$ $\boxed{0.5}$

$$\begin{array}{r} 0.7 \\ -\ 0.2 \\ \hline 0.5 \end{array}$$

0.7은 0.1이 7개이고, 0.2는 0.1이 2개입니다.
0.7−0.2는 0.1이 5개이므로 0.5입니다.

🍀 받아내림이 있는 소수 한 자리 수의 뺄셈

$3.1-1.7=$ $\boxed{1.4}$

$$\begin{array}{r} 3.1 \\ -\ 1.7 \\ \hline 1.4 \end{array}$$

3.1은 0.1이 31개이고, 1.7은 0.1이 17개입니다.
3.1−1.7은 0.1이 14개이므로 1.4입니다.

원리 확인 ① 0.8−0.3은 얼마인지 알아보세요.

(1) 0.8만큼 색칠한 후, 색칠한 부분에서 0.3만큼 ×로 지워 보세요.

0   0.1 0.2 0.3 0.4 0.5 0.6 0.7 0.8 0.9 1

(2) 색칠한 부분에서 ×로 지우고 남은 부분은 $\boxed{}$ 칸이므로

$0.8-0.3=$ $\boxed{}$ 입니다.

(3) 세로셈으로 계산해 보세요.

$$\begin{array}{r} 0.8 \\ -\ 0.3 \\ \hline \boxed{}.\boxed{} \end{array}$$

원리 확인 ② 3.4−1.6을 어떻게 계산하는지 알아보세요.

(1) 3.4는 0.1이 $\boxed{}$ 개입니다.

(2) 1.6은 0.1이 $\boxed{}$ 개입니다.

(3) 3.4−1.6은 0.1이 34−$\boxed{}$ =$\boxed{}$ (개)입니다.

(4) 3.4−1.6=$\boxed{}$ 입니다.

(5) 3.4−1.6을 세로셈으로 계산해 보세요.

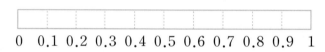

$$\begin{array}{r} 3.4 \\ -\ 1.6 \\ \hline \end{array}$$
⇒
$$\begin{array}{r} 3.4 \rightarrow 0.1\text{이}\ \boxed{}\ \text{개} \\ -\ 1.6 \rightarrow 0.1\text{이}\ \boxed{}\ \text{개} \\ \hline 0.1\text{이}\ \boxed{}\ \text{개} \end{array}$$
⇒
$$\begin{array}{r} 3.4 \\ -\ 1.6 \\ \hline \boxed{} \end{array}$$

step 2 원리 탄탄

1 수직선을 보고 ☐ 안에 알맞은 수를 써넣으세요.

(1)

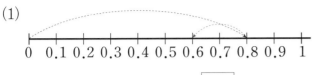

$$0.8 - 0.2 = \boxed{}$$

(2)

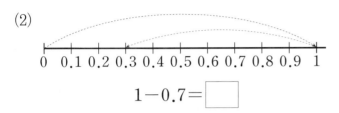

$$1 - 0.7 = \boxed{}$$

2 ☐ 안에 알맞은 수를 써넣으세요.

2.4는 0.1이 ☐ 개, 0.8은 0.1이 ☐ 개

2.4−0.8은 0.1이 ☐ 개

$$2.4 - 0.8 = \boxed{}$$

3 계산해 보세요.

(1)
$$\begin{array}{r} 0.7 \\ -\ 0.3 \\ \hline \end{array}$$

(2)
$$\begin{array}{r} 1.5 \\ -\ 0.8 \\ \hline \end{array}$$

(3) $0.9 - 0.3$

(4) $2.6 - 0.7$

4 밀가루 0.8 kg 중에서 0.5 kg을 사용하여 호떡을 만들었습니다. 남은 밀가루는 몇 kg인가요?

(   )

5 웅이는 1.3 m의 실을 가지고 있었습니다. 이 중에서 0.5 m를 잘라 버리고 나머지 실로 미술 작품을 만들었습니다. 미술 작품을 만드는 데 사용한 실은 몇 m인가요?

(   )

---

1. 수직선에서 작은 눈금 한 칸의 크기는 0.1입니다. 0.1씩 몇 칸을 갔다가 몇 칸을 되돌아왔는지 세어 봅니다.

> 소수의 뺄셈을 세로 형식으로 할 때, 첫째, 소수점과 같은 자리 숫자끼리 자리를 맞추어 세로로 쓰면 돼.

> 둘째, 자연수의 뺄셈과 같은 방법으로 계산하는 거야.

> 셋째, 소수점을 그대로 내려서 찍어야 해.

3. 소수의 뺄셈 결과를 쓸 때, 소수점 앞에 있는 0은 생략하면 안됩니다.

$$\begin{array}{r} \overset{0}{\cancel{1}}\overset{10}{.}3 \\ -\ 0.7 \\ \hline 6 \end{array} \quad \begin{array}{r} \overset{0}{\cancel{1}}\overset{10}{.}3 \\ -\ 0.7 \\ \hline 0.6 \end{array}$$

(×) (○)

□ 안에 알맞은 수를 써넣으세요. [1~6]

1

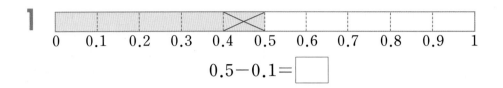

$$0.5-0.1=\boxed{}$$

2

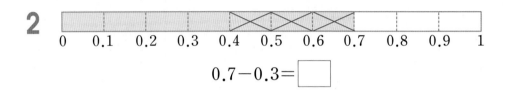

$$0.7-0.3=\boxed{}$$

3

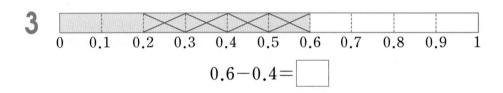

$$0.6-0.4=\boxed{}$$

4

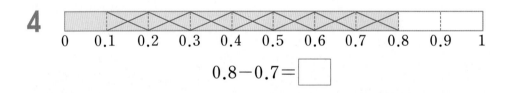

$$0.8-0.7=\boxed{}$$

5

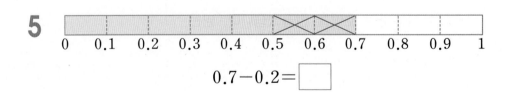

$$0.7-0.2=\boxed{}$$

6

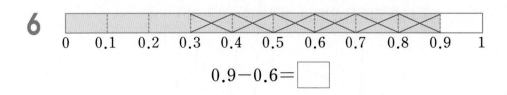

$$0.9-0.6=\boxed{}$$

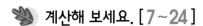

계산해 보세요. [7 ~ 24]

7
```
    0 . 5
 -  0 . 2
```

8
```
    0 . 6
 -  0 . 3
```

9
```
    0 . 9
 -  0 . 4
```

10
```
    0 . 9
 -  0 . 2
```

11
```
    0 . 8
 -  0 . 2
```

12
```
    0 . 7
 -  0 . 4
```

13
```
    2 . 8
 -  0 . 9
```

14
```
    4 . 2
 -  1 . 6
```

15
```
    4 . 6
 -  2 . 8
```

16
```
    3 . 3
 -  2 . 7
```

17
```
    5 . 4
 -  2 . 9
```

18
```
    5
 -  3 . 2
```

19 0.4 − 0.2

20 0.5 − 0.4

21 0.6 − 0.2

22 0.7 − 0.1

23 2.3 − 0.8

24 3.5 − 1.7

7. 소수 두 자리 수의 덧셈 알아보기

❀ 받아올림이 없는 소수 두 자리 수의 덧셈

$0.35+0.23=\boxed{0.58}$

$$\begin{array}{r} 0.35 \\ +\ 0.23 \\ \hline 0.58 \end{array}$$

소수점끼리 맞추어 세로로 쓰고 소수 둘째 자리의 합을 구합니다. 그 다음 소수 첫째 자리의 합을 구하고 일의 자리의 합을 구합니다.

❀ 받아올림이 있는 소수 두 자리 수의 덧셈

$0.25+0.36=\boxed{0.61}$

$$\begin{array}{r} 0.25 \\ +\ 0.36 \\ \hline 0.61 \end{array}$$

원리 확인 모눈종이를 이용하여 $0.46+0.21$은 얼마인지 알아보세요.

(1) 오른쪽 모눈종이 위에 0.46만큼 파란색으로 색칠하고 이어서 0.21만큼 빨간색으로 색칠해 보세요.

(2) 색칠한 칸은 모두 $46+21=\boxed{}$ (칸)이므로

$0.46+0.21=\boxed{}$ 입니다.

(3) 세로셈으로 계산해 보세요.

$$\begin{array}{r} 0.46 \\ +\ 0.21 \\ \hline \boxed{}.\boxed{}\boxed{} \end{array}$$

원리 확인 $0.76+0.19$를 어떻게 계산하는지 알아보세요.

(1) 0.76은 0.01이 $\boxed{}$ 개입니다.

(2) 0.19는 0.01이 $\boxed{}$ 개입니다.

(3) $0.76+0.19$는 0.01이 $76+\boxed{}=\boxed{}$ (개)입니다.

(4) $0.76+0.19=\boxed{}$ 입니다.

(5) $0.76+0.19$를 세로셈으로 계산해 보세요.

$$\begin{array}{r} 0.76 \\ +\ 0.19 \end{array} \Rightarrow \begin{array}{r} 0.76 \rightarrow 0.01이\ \boxed{}\ 개 \\ +\ 0.19 \rightarrow 0.01이\ \boxed{}\ 개 \\ \hline 0.01이\ \boxed{}\ 개 \end{array} \Rightarrow \begin{array}{r} 0.76 \\ +\ 0.19 \\ \hline \boxed{} \end{array}$$

step 2 원리 탄탄

1 □ 안에 알맞은 수를 써넣으세요.

$$
\begin{array}{r}
0.78 \\
+\ 0.46 \\
\hline
\end{array}
\Rightarrow
\begin{array}{r}
0.78 \rightarrow 0.01\text{이 } \boxed{} \text{ 개} \\
+\ 0.46 \rightarrow 0.01\text{이 } \boxed{} \text{ 개} \\
\hline
0.01\text{이 } \boxed{} \text{ 개}
\end{array}
\Rightarrow
\begin{array}{r}
0.78 \\
+\ 0.46 \\
\hline
\boxed{}
\end{array}
$$

> **1.** 0.01이 100개이면 1이 되므로 일의 자리로 받아올림합니다.

2 계산해 보세요.

(1)
$$
\begin{array}{r}
0.2\,4 \\
+\ 0.6\,3 \\
\hline
\end{array}
$$

(2)
$$
\begin{array}{r}
0.5 \\
+\ 0.2\,8 \\
\hline
\end{array}
$$

(3) $0.68+0.09$

(4) $0.87+0.7$

> **2.** 가로셈을 세로셈으로 바꾸어 계산하면 편리합니다. 세로셈으로 계산할 때, 소수점의 위치를 잘 맞추어 씁니다.

3 두 소수의 합을 빈칸에 써넣으세요.

(1)
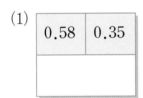

0.58	0.35

(2)

0.89	0.74

4 석기는 파란색 끈 0.72 m와 노란색 끈 0.25 m를 사용하여 선물을 포장하였습니다. 석기가 사용한 끈은 모두 몇 m인가요?

(   )

5 상연이는 무게가 0.38 kg인 상자에 무게가 0.85 kg인 인형을 넣어 예슬이에게 선물하였습니다. 인형을 넣은 상자의 무게는 몇 kg인가요?

(   )

step 3 원리 척척

 □ 안에 알맞은 수를 써넣으세요. [1~6]

1

$$\begin{array}{r} 0.34 \\ +0.41 \\ \hline \boxed{} \end{array}$$

➡

0.34 ⟶ 0.01이 □ 개
+0.41 ⟶ 0.01이 □ 개
─────────
□ ⟵ 0.01이 □ 개

2

$$\begin{array}{r} 0.51 \\ +0.23 \\ \hline \boxed{} \end{array}$$

➡

0.51 ⟶ 0.01이 □ 개
+0.23 ⟶ 0.01이 □ 개
─────────
□ ⟵ 0.01이 □ 개

3

$$\begin{array}{r} 0.66 \\ +0.12 \\ \hline \boxed{} \end{array}$$

➡

0.66 ⟶ 0.01이 □ 개
+0.12 ⟶ 0.01이 □ 개
─────────
□ ⟵ 0.01이 □ 개

4

$$\begin{array}{r} 0.64 \\ +0.19 \\ \hline \boxed{} \end{array}$$

➡

0.64 ⟶ 0.01이 □ 개
+0.19 ⟶ 0.01이 □ 개
─────────
□ ⟵ 0.01이 □ 개

5

$$\begin{array}{r} 0.37 \\ +0.92 \\ \hline \boxed{} \end{array}$$

➡

0.37 ⟶ 0.01이 □ 개
+0.92 ⟶ 0.01이 □ 개
─────────
□ ⟵ 0.01이 □ 개

6

$$\begin{array}{r} 0.46 \\ +0.82 \\ \hline \boxed{} \end{array}$$

➡

0.46 ⟶ 0.01이 □ 개
+0.82 ⟶ 0.01이 □ 개
─────────
□ ⟵ 0.01이 □ 개

계산을 하세요. [7~26]

7
```
  0.2 4
+ 0.1 5
```

8
```
  0.2 7
+ 0.3 1
```

9
```
  0.1 4
+ 0.3 2
```

10
```
  0.5 6
+ 0.4 1
```

11
```
  0.4 3
+ 0.3 4
```

12
```
  0.4 1
+ 0.4 1
```

13
```
  0.4 7
+ 0.3 9
```

14
```
  0.3 6
+ 0.2 5
```

15
```
  0.2 8
+ 0.4 7
```

16
```
  0.5 4
+ 0.7 3
```

17
```
  0.8 2
+ 0.5 1
```

18
```
  0.6 4
+ 0.6 2
```

19 0.64+0.23

20 0.48+0.31

21 0.52+0.36

22 0.41+0.26

23 0.93+0.78

24 0.73+0.69

25 0.47+0.85

26 0.59+0.87

step 1 원리 꼼꼼

8. 소수 두 자리 수의 뺄셈 알아보기

🍀 **받아내림이 없는 소수 두 자리 수의 뺄셈**

$$0.36-0.21 = \boxed{0.15}$$

$$\begin{array}{r} 0.3\,6 \\ -\ 0.2\,1 \\ \hline 0.1\,5 \end{array}$$

소수점끼리 맞추어 세로로 쓰고 소수 둘째 자리의 차를 구합니다. 그 다음 소수 첫째 자리의 차를 구하고 일의 자리의 차를 구합니다.

🍀 **받아내림이 있는 소수 두 자리 수의 뺄셈**

$$0.52-0.28 = \boxed{0.24}$$

$$\begin{array}{r} 0.5\,2 \\ -\ 0.2\,8 \\ \hline 0.2\,4 \end{array}$$

 원리 확인 1 모눈종이를 이용하여 $0.58-0.25$는 얼마인지 알아보세요.

(1) 오른쪽 모눈종이 위에 0.58만큼 색칠한 후, 색칠한 부분에서 0.25만큼 ×로 지워보세요.

(2) 색칠한 부분에서 ×로 지우고 남은 부분은

$58-25=\boxed{}$ (칸)이므로 $0.58-0.25=\boxed{}$

입니다.

(3) 세로셈으로 계산해 보세요.

$$\begin{array}{ccc} 0 & . & 5 & 8 \\ - & 0 & . & 2 & 5 \\ \hline \boxed{} & . & \boxed{} & \boxed{} \end{array}$$

 원리 확인 2 $1.2-0.34$를 어떻게 계산하는지 알아보세요.

(1) 1.2는 0.01이 $\boxed{}$ 개입니다.

(2) 0.34는 0.01이 $\boxed{}$ 개입니다.

(3) $1.2-0.34$는 0.01이 $120-34=\boxed{}$ (개)입니다.

(4) $1.2-0.34=\boxed{}$ 입니다.

(5) $1.2-0.34$를 세로셈으로 계산해 보세요.

$$\begin{array}{r} 1.2 \\ -\ 0.34 \\ \hline \end{array} \Rightarrow \begin{array}{r} 1.2 \rightarrow 0.01\text{이} \boxed{} \text{개} \\ -\ 0.34 \rightarrow 0.01\text{이} \boxed{} \text{개} \\ \hline 0.01\text{이} \boxed{} \text{개} \end{array} \Rightarrow \begin{array}{r} 1.2 \\ -\ 0.34 \\ \hline \boxed{} \end{array}$$

step 2 원리 탄탄

3
단원

1 ☐ 안에 알맞은 수를 써넣으세요.

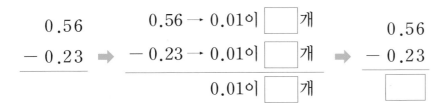

$$
\begin{array}{r}
0.56 \\
-\ 0.23 \\
\hline
\end{array}
\Rightarrow
\begin{array}{l}
0.56 \rightarrow 0.01이\ \boxed{}\ 개 \\
-\ 0.23 \rightarrow 0.01이\ \boxed{}\ 개 \\
\hline
\ 0.01이\ \boxed{}\ 개
\end{array}
\Rightarrow
\begin{array}{r}
0.56 \\
-\ 0.23 \\
\hline
\boxed{}
\end{array}
$$

2 계산해 보세요.

(1)
$$
\begin{array}{r}
0.86 \\
-\ 0.34 \\
\hline
\end{array}
$$

(2)
$$
\begin{array}{r}
2.72 \\
-\ 0.86 \\
\hline
\end{array}
$$

(3) $0.95 - 0.63$

(4) $2.64 - 0.78$

2. 자연수의 뺄셈과 같은 방법으로 계산하고 소수점을 그대로 내려서 찍습니다.

가로셈을 세로셈으로 바꿔서 계산하면 더 편해!

3 ☐ 안에 알맞은 수를 써넣으세요.

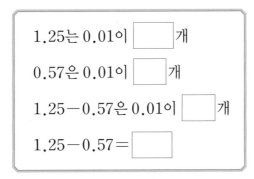

1.25는 0.01이 ☐ 개

0.57은 0.01이 ☐ 개

1.25 − 0.57은 0.01이 ☐ 개

1.25 − 0.57 = ☐

4 초록색 테이프의 길이는 0.75 m이고, 노란색 테이프의 길이는 0.48 m입니다. 초록색 테이프의 길이는 노란색 테이프의 길이보다 몇 m 더 긴가요?

(   )

4.

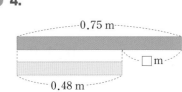

5 한초네 집에서 학교까지의 거리는 0.83 km이고, 문구점까지의 거리는 0.67 km입니다. 한초네 집에서 문구점까지의 거리는 학교까지의 거리보다 몇 km 더 가까운가요?

(   )

🍂 □ 안에 알맞은 수를 써넣으세요. [1~6]

1

```
  0. 8 6
- 0. 5 1
─────────
[      ]
```
➡
```
  0. 8 6 ── 0.01이 [    ] 개
- 0. 5 1 ── 0.01이 [    ] 개
─────────
[      ] ── 0.01이 [    ] 개
```

2

```
  0. 6 9
- 0. 4 7
─────────
[      ]
```
➡
```
  0. 6 9 ── 0.01이 [    ] 개
- 0. 4 7 ── 0.01이 [    ] 개
─────────
[      ] ── 0.01이 [    ] 개
```

3

```
  0. 7 8
- 0. 5 5
─────────
[      ]
```
➡
```
  0. 7 8 ── 0.01이 [    ] 개
- 0. 5 5 ── 0.01이 [    ] 개
─────────
[      ] ── 0.01이 [    ] 개
```

4

```
  0. 7 2
- 0. 4 5
─────────
[      ]
```
➡
```
  0. 7 2 ── 0.01이 [    ] 개
- 0. 4 5 ── 0.01이 [    ] 개
─────────
[      ] ── 0.01이 [    ] 개
```

5

```
  0. 5 3
- 0. 1 9
─────────
[      ]
```
➡
```
  0. 5 3 ── 0.01이 [    ] 개
- 0. 1 9 ── 0.01이 [    ] 개
─────────
[      ] ── 0.01이 [    ] 개
```

6

```
  3. 6 3
- 1. 2 8
─────────
[      ]
```
➡
```
  3. 6 3 ── 0.01이 [    ] 개
- 1. 2 8 ── 0.01이 [    ] 개
─────────
[      ] ── 0.01이 [    ] 개
```

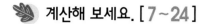 계산해 보세요. [7 ~ 24]

7
```
   0 . 4 9
 - 0 . 1 8
```

8
```
   0 . 5 9
 - 0 . 4 5
```

9
```
   0 . 7 4
 - 0 . 3 1
```

10
```
   0 . 6 7
 - 0 . 2 4
```

11
```
   0 . 8 8
 - 0 . 6 7
```

12
```
   0 . 9 5
 - 0 . 6 4
```

13
```
   0 . 3 7
 - 0 . 1 9
```

14
```
   0 . 4 5
 - 0 . 1 7
```

15
```
   0 . 4 2
 - 0 . 3 8
```

16
```
   0 . 5 3
 - 0 . 2 6
```

17
```
   0 . 5 7
 - 0 . 3 8
```

18
```
   0 . 5 6
 - 0 . 4 9
```

19 $0.58 - 0.14$

20 $0.65 - 0.22$

21 $0.74 - 0.33$

22 $0.78 - 0.27$

23 $3.94 - 1.58$

24 $4.24 - 1.57$

step 4 유형 콕콕

01 계산해 보세요.

(1)
```
   0.3
 + 0.6
```

(2)
```
   0.74
 + 0.17
```

(3) 0.5＋0.7

(4) 0.58＋0.34

02 관계있는 것끼리 선으로 이어 보세요.

0.4＋0.8	•	•	1.53
0.6＋0.78	•	•	1.2
0.64＋0.89	•	•	1.38

03 계산 결과를 비교하여 ○ 안에 ＞, ＝, ＜를 알맞게 써넣으세요.

0.3＋0.2 ○ 0.1＋0.5

04 규형이는 집에서 은행까지 가는 데 0.65 km는 인라인 스케이트를 타고 가고 나머지 0.7 km는 걸어서 갔습니다. 규형이네 집에서 은행까지의 거리는 몇 km인가요?

( )

05 계산해 보세요.

(1)
```
   4.35
 + 3.42
```

(2)
```
   14.47
 +  7.58
```

(3) 8.67＋4.28

(4) 7.35＋2.9

06 빈칸에 알맞은 수를 써넣으세요.

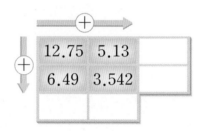

12.75	5.13	
6.49	3.542	

07 다음에서 가장 큰 소수와 가장 작은 소수의 합을 구해 보세요.

| 5.54 | 15.08 | 5.97 |

( )

08 지혜의 몸무게는 31.8 kg이고 영수의 몸무게는 지혜보다 5.87 kg 더 무겁습니다. 영수의 몸무게는 몇 kg인가요?

( )

09 계산해 보세요.

(1)
$$\begin{array}{r} 2.4 \\ -\ 0.9 \\ \hline \end{array}$$

(2)
$$\begin{array}{r} 0.76 \\ -\ 0.34 \\ \hline \end{array}$$

(3) $0.82 - 0.46$ (4) $0.7 - 0.35$

10 빈 곳에 알맞은 수를 써넣으세요.

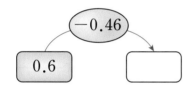

11 계산 결과를 비교하여 ○ 안에 >, =, <를 알맞게 써넣으세요.

$$0.54 - 0.28 \bigcirc 0.83 - 0.59$$

12 예슬이는 병에 담겨 있는 우유 0.7 L 중에서 0.32 L를 마셨습니다. 병에 남아 있는 우유는 몇 L인가요?

(   )

13 계산해 보세요.

(1)
$$\begin{array}{r} 7.58 \\ -\ 4.36 \\ \hline \end{array}$$

(2)
$$\begin{array}{r} 9.13 \\ -\ 3.76 \\ \hline \end{array}$$

(3) $48.34 - 5.78$ (4) $9 - 6.03$

14 빈 곳에 알맞은 수를 써넣으세요.

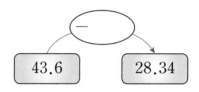

15 계산 결과가 가장 작은 것을 찾아 기호를 써 보세요.

| ㉠ $7.23 - 5.37$ | ㉡ $34.5 - 32.86$ |
| ㉢ $15 - 13.07$ | ㉣ $28.54 - 26.7$ |

(   )

16 영수의 공 던지기 기록은 13.4 m이고 용희의 공 던지기 기록은 10.65 m입니다. 영수는 용희보다 몇 m 더 멀리 던졌나요?

(   )

01 □ 안에 알맞은 수를 써넣으세요.

$$7.65는 \begin{cases} 1이 \boxed{} 개 \\ 0.1이 \boxed{} 개 \\ 0.01이 \boxed{} 개 \end{cases}$$

02 □ 안에 알맞은 수를 써넣으세요.

$$\left.\begin{array}{l} 1이 8개 \\ 0.1이 0개 \\ 0.01이 6개 \\ 0.001이 1개 \end{array}\right\} 인 수는 \boxed{}$$

03 빈 곳에 알맞은 수를 써넣으세요.

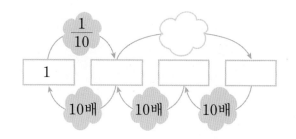

04 □ 안에 알맞은 수를 써넣으세요.

(1) 7 cm = $\boxed{}$ m

(2) 1645 g = $\boxed{}$ kg

🌿 수직선을 보고 □ 안에 알맞은 소수를 써 넣으세요. [05~06]

05

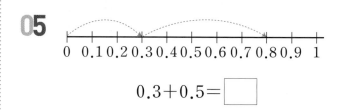

0.3 + 0.5 = $\boxed{}$

06

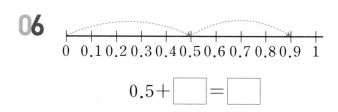

0.5 + $\boxed{}$ = $\boxed{}$

07 □ 안에 알맞은 수를 써넣으세요.

$$\begin{array}{r} 0.74 \\ + 0.68 \\ \hline \boxed{} \end{array}$$
➡
0.74 → 0.01이 $\boxed{}$ 개
+ 0.68 → 0.01이 $\boxed{}$ 개
$\boxed{}$ ← 0.01이 $\boxed{}$ 개

08 다음 계산에서 <u>잘못된</u> 곳을 찾아 바르게 계산해 보세요.

$$
\begin{array}{r}
3.2\,4 \\
+\quad 4.8 \\
\hline
3.7\,2
\end{array}
$$ ➡

09 두 소수의 합을 구해 보세요.

(1) | 0.56 | 0.76 |

(　　　　　)

(2) | 7.09 | 6.85 |

(　　　　　)

10 다음 중 가장 큰 수와 가장 작은 수의 합을 구해 보세요.

| 4.01 | 1.23 | 4.17 | 2.4 | 1.2 |

(　　　　　)

🍃 수직선을 보고 □ 안에 알맞은 소수를 써 넣으세요. [11 ~ 12]

11

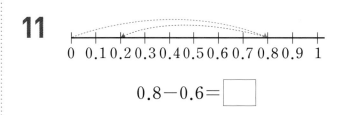

$$0.8-0.6=\boxed{}$$

12

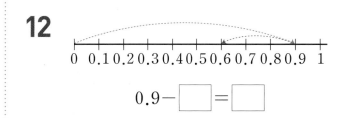

$$0.9-\boxed{}=\boxed{}$$

13 □ 안에 알맞은 수를 써넣으세요.

$$
\begin{array}{r}
0.71 \\
-\ 0.29 \\
\hline
\boxed{}
\end{array}
$$ ➡

0.71 → 0.01이 □ 개
− 0.29 → 0.01이 □ 개

□ ← 0.01이 □ 개

14 다음 계산에서 <u>잘못된</u> 곳을 찾아 바르게 계산해 보세요.

$$
\begin{array}{r}
7.7 \\
-\ 4.8\,2 \\
\hline
3.9\,8
\end{array}
$$ ➡

15 두 소수의 차를 구해 보세요.

(1)

| 0.63 | 0.17 |

(   )

(2)

| 8.42 | 4.23 |

(   )

16 다음 중 가장 큰 수와 가장 작은 수의 차를 구해 보세요.

| 0.72   0.84   3.48   3.41 |

(   )

17 계산 결과를 비교하여 ○ 안에 >, <를 알맞게 써넣으세요.

(1) 0.27+4.96 ◯ 7.42−2.48

(2) 5.32−1.42 ◯ 1.29+3.48

18 빈 곳에 알맞은 수를 써넣으세요.

(1)

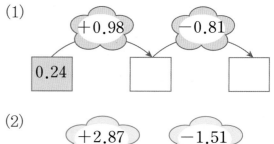

(2)

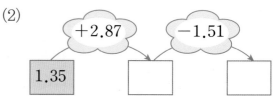

19 빈칸에 알맞은 수를 써넣으세요.

	+	
14.21	8.39	
5.67	6.47	

20 계산 결과가 가장 큰 것부터 차례대로 기호를 써 보세요.

㉠ 2.03+0.45
㉡ 1.37+1.18
㉢ 6.83−4.59
㉣ 4.16−1.27

(   )

단원 **4** 사각형

이번에 배울 내용

1 수직을 알아보고 수선긋기

2 평행선을 알고 평행선 긋기

3 평행선 사이의 거리 알아보기

4 사다리꼴 알아보기

5 평행사변형 알아보기

6 마름모 알아보기

7 여러 가지 사각형 알아보기

 이전에 배운 내용

• 선분과 직선, 각과 평면도형 알아보기
• 이등변삼각형, 정삼각형, 예각삼각형, 둔각삼각형 알아보기

다음에 배울 내용

• 다각형과 정다각형 알아보기
• 대각선 알아보기
• 여러 가지 모양 만들기

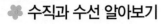

step 1 원리 꼼꼼

🍀 **수직과 수선 알아보기**

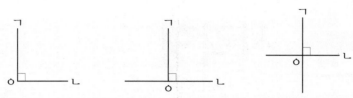

• 두 직선이 만나서 이루는 각이 직각일 때, 두 직선은 서로 수직이라고 합니다. 두 직선이 서로 수직일 때, 한 직선을 다른 직선에 대한 수선이라고 합니다.

→ 직선 ㄱㅇ과 직선 ㅇㄴ은 서로 수직

→ 직선 ㄱㅇ에 대한 수선은 직선 ㅇㄴ, 직선 ㅇㄴ에 대한 수선은 직선 ㄱㅇ

🍀 **수선 긋기**

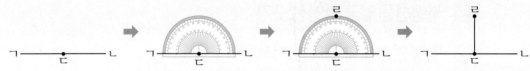

① 주어진 직선 ㄱㄴ에 점 ㄷ을 찍습니다.

② 각도기의 중심을 점 ㄷ에 맞추고, 각도기의 밑금을 직선 ㄱㄴ에 맞춥니다.

③ 각도기에서 90°가 되는 눈금 위에 점 ㄹ을 찍습니다.

④ 점 ㄹ과 점 ㄷ을 직선으로 잇습니다.

 원리 확인 ① 그림을 보고 □ 안에 알맞은 기호나 말을 써넣으세요.

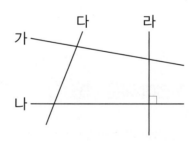

(1) 두 직선이 만나 이루는 각이 직각인 것은 직선 나와 직선 □ 입니다.

(2) 직선 나와 직선 라는 서로 □ 입니다.

(3) 직선 나에 대한 수선은 직선 □ 입니다.

(4) 직선 라에 대한 수선은 직선 □ 입니다.

1 주어진 두 직선이 서로 수직인 것을 모두 찾아 기호를 써 보세요.

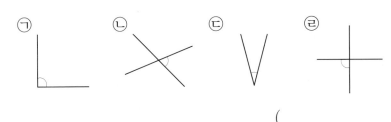

(   )

2 도형에서 변 ㄱㄴ에 대한 수선인 변은 모두 몇 개인가요?

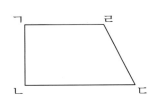

(   )

● **2.** 두 직선이 서로 수직일 때, 한 직선을 다른 직선에 대한 수선이라고 합니다.

3 모눈종이에 주어진 직선에 대한 수선을 그어 보세요.

● **3.** 주어진 직선에 대한 수선은 무수히 많이 그을 수 있습니다.

4 각도기를 이용하여 직선 ㄱㄴ에 대한 수선을 그으려고 합니다. 알맞은 순서대로 번호를 써넣으세요.

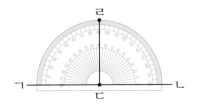

( ) 점 ㄹ과 점 ㄷ을 선분으로 잇습니다.

( ) 각도기의 중심을 점 ㄷ에 맞추고, 각도기의 밑금을 직선 ㄱㄴ에 맞춥니다.

( ) 각도기에서 90°가 되는 눈금 위에 점 ㄹ을 찍습니다.

( ) 선분 ㄱㄴ 위에 점 ㄷ을 찍습니다.

step 3 원리 척척

🍃 □ 안에 알맞은 기호를 써넣으세요. [1~4]

1

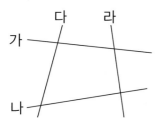

직선 나에 수직인 직선

➡ 직선 □

2

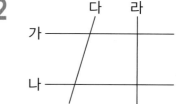

직선 라에 수직인 직선

➡ 직선 □ 와 직선 □

3

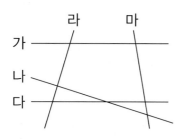

직선 나에 수직인 직선

➡ 직선 □

4

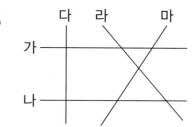

직선 다에 수직인 직선

➡ 직선 □ 와 직선 □

🍃 ( ) 안에 알맞은 기호를 써 보세요. [5~8]

5

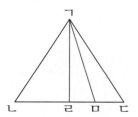

변 ㄴㄷ에 수직인 선분

➡ 선분 (　　　)

6

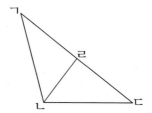

변 ㄱㄷ에 수직인 선분

➡ 선분 (　　　)

7

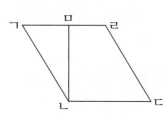

변 ㄴㄷ에 수직인 선분

➡ 선분 (　　　)

8

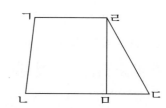

변 ㄴㄷ에 수직인 선분

➡ 선분 (　　　)

🍂 직각 삼각자를 사용하여 점 ㅇ을 지나고 직선 가에 수직인 직선을 그어 보세요. [9 ~ 12]

9
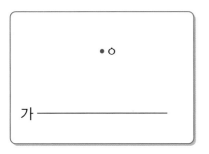

10
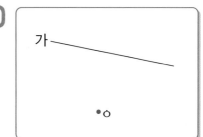

11
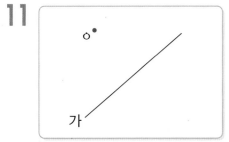

12
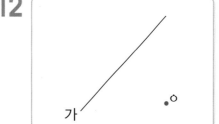

🍂 각도기를 사용하여 점 ㄱ을 지나고 직선 가에 수직인 직선을 그어 보세요. [13 ~ 16]

13
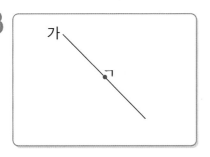

14
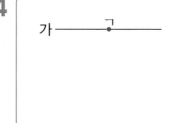

15
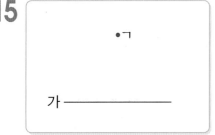

16
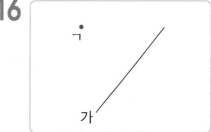

✿ 평행과 평행선 알아보기

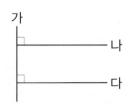

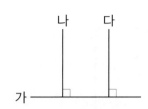

• 한 직선에 수직인 두 직선을 그었을 때, 그 두 직선은 서로 만나지 않습니다. 이와 같이 서로 만나지 않는 두 직선을 평행하다고 합니다. 또 평행한 두 직선을 평행선이라고 합니다.
  → 평행한 두 직선은 직선 나와 직선 다

✿ 평행선 긋기

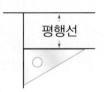

① 직선을 1개 긋습니다.

② 그은 직선에 직각 삼각자의 직각 부분을 대고 직선에 대한 수선을 긋습니다.

③ ②에서 그은 수선을 따라 직각 삼각자를 이동시켜 이 수선에 대한 수선을 긋습니다.

원리 확인 그림을 보고 ☐ 안에 알맞은 말을 써넣으세요.

(1) 직선 나와 직선 다는 직선 가에 대한 ☐ 입니다.

(2) 두 직선 나와 다는 서로 만나지 않으므로 ☐ 하다고 합니다.

(3) 직선 나와 직선 다를 ☐ 이라고 합니다.

원리 확인 모눈종이에 주어진 직선과 평행한 직선을 그어 보세요.

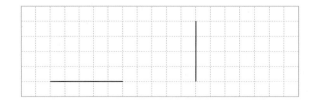

step 2 원리 탄탄

1 두 직선이 평행한 것을 모두 찾아 기호를 써 보세요.

㉠   ㉡   ㉢   ㉣

(   )

1. 길게 늘여도 만나지 않는 두 직선을 평행하다고 합니다.

2 도형에서 평행한 두 변을 모두 찾아 써 보세요.

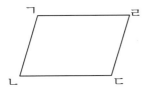

변 [   ] 과 변 [   ],
변 [   ] 과 변 [   ]

3 그림에서 평행선은 모두 몇 쌍인가요?

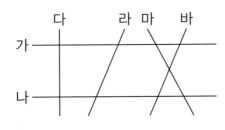

(   )

2. 평행한 두 직선을 평행선 이라고 합니다.

4 평행선을 바르게 그은 것을 찾아 기호를 써 보세요.

㉠   ㉡   ㉢   ㉣

(   )

step 3 원리 척척

🍃 서로 평행한 직선을 찾아 써 보세요. [1~4]

1

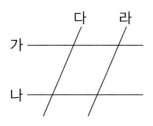

➡ ┌ 직선 가와 직선 ☐
  └ 직선 다와 직선 ☐

2

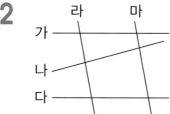

➡ ┌ 직선 가와 직선 ☐
  └ 직선 라와 직선 ☐

3

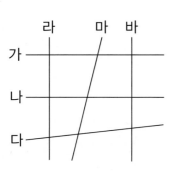

➡ ┌ 직선 가와 직선 ☐
  └ 직선 라와 직선 ☐

4

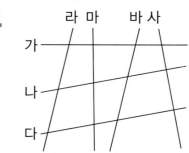

➡ ┌ 직선 나와 직선 ☐
  └ 직선 라와 직선 ☐

🍃 도형에서 서로 평행한 변을 찾아 써 보세요. [5~8]

5

➡ 변 ㄴㄷ과 변 ☐

➡ 변 ㄱㄴ과 변 ☐

6

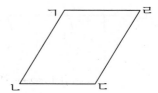

➡ 변 ㄱㄴ과 변 ☐

➡ 변 ㄱㄹ과 변 ☐

7

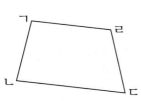

➡ 변 ㄱㄹ과 변 ☐

8

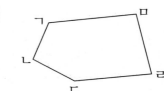

➡ 변 ㄱㅁ과 변 ☐

🌿 직각 삼각자를 사용하여 주어진 직선과 평행한 직선을 그어 보세요. [9~12]

9

10

11
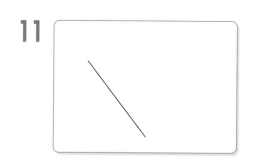

12
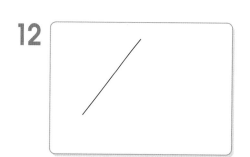

🌿 직각 삼각자를 사용하여 점 ㅇ을 지나고 직선 가와 평행한 직선을 그어 보세요. [13~16]

13
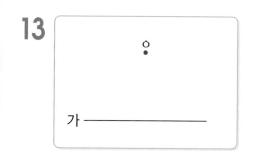

14
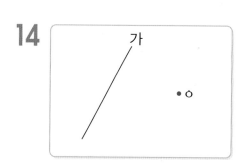

15
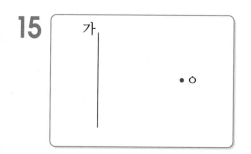

16
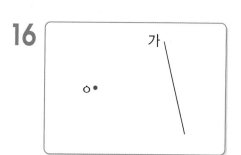

❀ 평행선 사이의 거리 알아보기

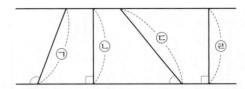

• 평행선 사이의 여러 선분 중에서 수직인 선분의 길이가 가장 짧습니다. 평행선 사이의 수선의 길이를 평행선 사이의 거리라고 합니다.
→ 선분 ㉡의 길이와 선분 ㉣의 길이는 같습니다.

❀ 평행선 사이의 거리 재기

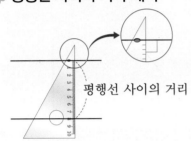

① 직각 삼각자의 눈금과 평행선을 겹쳐 놓습니다.
② 평행선 사이의 거리를 잽니다.

 원리 확인 ① 그림을 보고 물음에 답하세요.

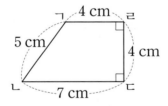

(1) 평행한 두 변 ㄱㄹ과 ㄴㄷ을 무엇이라고 하나요? (   )

(2) 두 변 ㄱㄹ, ㄴㄷ과 수직으로 만나는 변은 어느 것인가요?
(   )

(3) 평행선 사이의 거리는 몇 cm인가요? (   )

 원리 확인 ② 평행선 사이의 거리를 바르게 나타낸 것을 찾아 기호를 써 보세요.

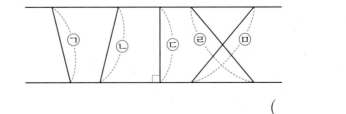

(   )

step 2 원리 탄탄

1 직선 가와 직선 나는 평행선입니다. 평행선 사이의 거리는 몇 cm인가요?

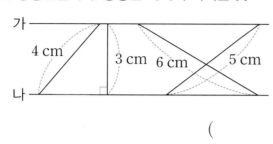

(   )

2 도형에서 평행선 사이의 거리는 몇 cm인가요?

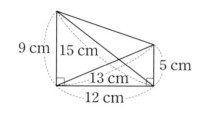

(   )

3 평행선 사이의 거리를 재어 보세요.

(1)

☐ cm

(2)

☐ cm

4 모눈종이의 모눈 한 칸의 길이가 1 cm라고 할 때, 주어진 직선과의 평행선 사이의 거리가 4 cm인 직선을 2개 그어 보세요.

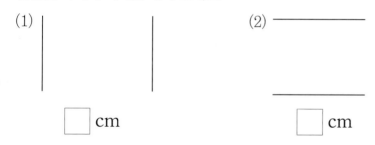

4. 주어진 직선과 거리가 4 cm인 직선을 왼쪽과 오른쪽에 2개 그을 수 있습니다.

🌿 평행선 사이의 거리를 재어 보세요. [1~6]

1
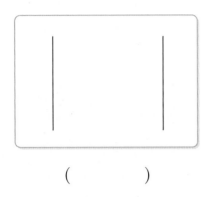
( )

2
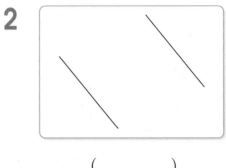
( )

3
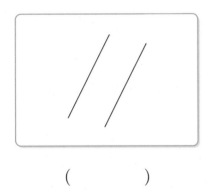
( )

4

( )

5
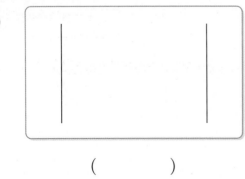
( )

6
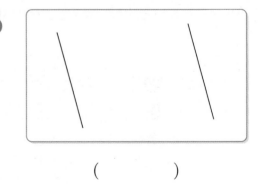
( )

평행선 사이의 거리가 다음과 같이 되도록 평행선을 그어 보세요. [7~12]

7
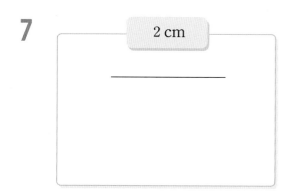

8
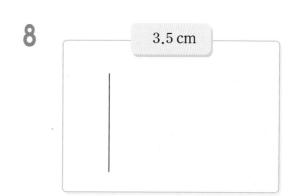

9
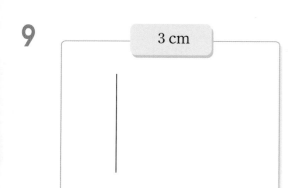

10
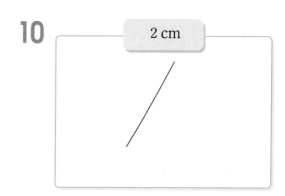

11
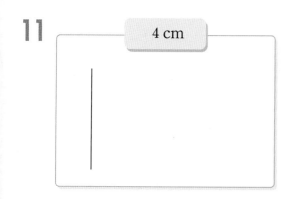

12
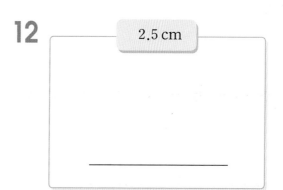

🍀 사다리꼴 알아보기

평행한 변이 있는 사각형을 사다리꼴이라고 합니다.

원리 확인 1 마주 보는 한 쌍의 변이 서로 평행한 사각형을 찾아보세요.

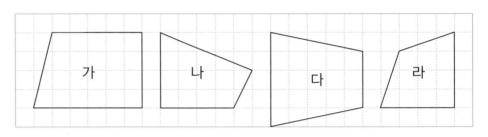

(1) 마주 보는 변이 서로 평행한 변을 모두 찾아 ○표 해 보세요.

(2) 마주 보는 한 쌍의 변이 서로 평행한 사각형은 [ ], [ ] 입니다.

(3) 위 (2)와 같은 사각형을 [   ]이라고 합니다.

원리 확인 2 직사각형 모양의 종이테이프를 잘라서 여러 개의 사각형을 만들었습니다. 잘라 낸 사각형은 어떤 사각형인지 알아보세요.

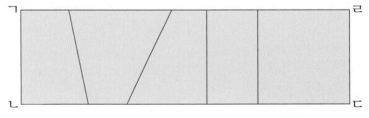

(1) 직사각형 ㄱㄴㄷㄹ에서 서로 평행한 변은 변 ㄱㄹ과 변 [ ], 변 ㄱㄴ과 변 [ ] 입니다.

(2) 잘라 낸 사각형은 마주 보는 한 쌍의 변이 서로 (수직, 평행)하므로 모두 [   ] 입니다.

1 평행한 변이 한 쌍이라도 있는 사각형은 어느 것인가요? (   )

①

②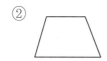

③

④

⑤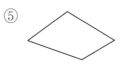

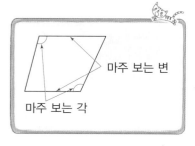

마주 보는 변

마주 보는 각

2 사다리꼴을 모두 찾아 기호를 써 보세요.

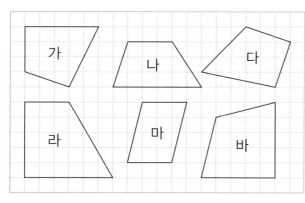

(   )

2. 평행한 변이 한 쌍이라도 있는 사각형을 사다리꼴이라고 합니다.

4 단원

3 다음 사각형에서 어느 부분을 잘라 내면 사다리꼴이 되는지 설명해 보세요.

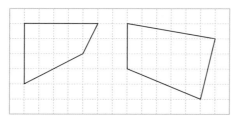

4 오른쪽 그림에 사다리꼴 ㄱㄴㄷㄹ을 완성해 보세요.

변 ㄱㄴ과 변 ㄹㄷ 또는 변 ㄴㄷ과 변 ㄱㄹ이 서로 평행하게 그려 보세요.

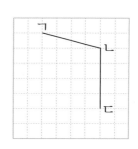

1 다음 사각형 중에서 사다리꼴을 모두 찾아 기호를 써 보세요.

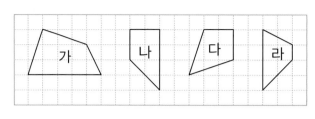

( )

2 다음 사각형 중에서 사다리꼴을 모두 찾아 기호를 써 보세요.

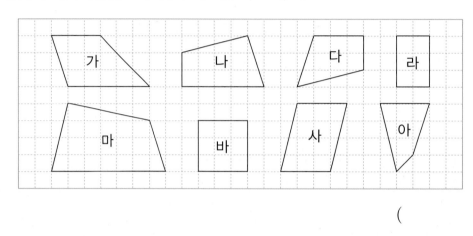

( )

🌿 사다리꼴입니다. 서로 평행한 변을 찾아 써 보세요. [3~8]

3

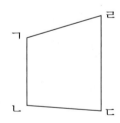

변 ( )과 변 ( )

4

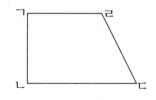

변 ( )과 변 ( )

5

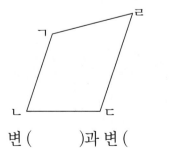

변 ( )과 변 ( )

6

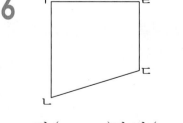

변 ( )과 변 ( )

7

변 (　　　)과 변 (　　　)

8

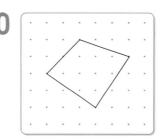

변 (　　　)과 변 (　　　)

🌿 점 종이에서 한 꼭짓점만 옮겨서 사다리꼴을 만들어 보세요. [9 ~ 12]

9

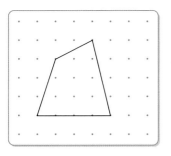

10

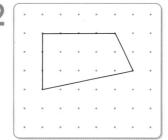

11

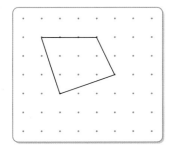

12

13 점 종이에 모양이 다른 사다리꼴을 3개 그려 보세요.

🌸 **평행사변형 알아보기**

• 마주 보는 두 쌍의 변이 서로 평행한 사각형을 평행사변형이라고 합니다.
• 평행사변형은 마주 보는 두 쌍의 변이 서로 평행하므로 사다리꼴이라고 할 수 있습니다.

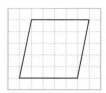

🌸 **평행사변형의 성질 알아보기**

① 마주 보는 변의 길이가 같습니다.　　② 마주 보는 각의 크기가 같습니다.
③ 이웃한 두 각의 크기의 합이 180°입니다.

원리 확인 **1**　마주 보는 두 쌍의 변이 서로 평행한 사각형을 찾아보세요.

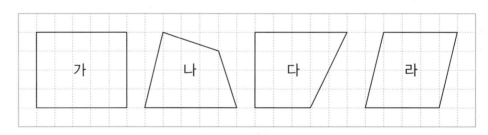

(1) 마주 보는 두 쌍의 변이 서로 평행한 사각형은 ☐ , ☐ 이고 이 사각형을
　　☐☐☐☐☐ 이라고 합니다.

(2) 평행사변형은 마주 보는 두 쌍의 변이 서로 평행하므로 사다리꼴이라고 할 수
　　(있습니다. 없습니다.)

원리 확인 **2**　평행사변형 모양의 종이를 다음과 같이 잘라서 겹쳐 보았습니다. 변의 길이와 각의 크기를 알아보세요.

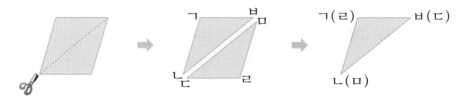

(1) 삼각형 ㄱㄴㅂ과 삼각형 ㄷㄹㅁ은 꼭 맞게 겹쳐지므로 마주 보는 변 ㄱㅂ과 변
　　☐☐ , 변 ㄱㄴ과 변 ☐☐ 의 길이가 같습니다.

(2) 삼각형 ㄱㄴㅂ과 삼각형 ㄷㄹㅁ은 꼭 맞게 겹쳐지므로 마주 보는 각 ㄴㄱㅂ과
　　각 ☐☐☐ 의 크기가 같습니다.

1 평행사변형에 대한 설명으로 옳지 않은 것은 어느 것인가요? (   )

① 마주 보는 두 쌍의 변이 평행한 사각형입니다.

② 마주 보는 두 쌍의 변의 길이가 같은 사각형입니다.

③ 마주 보는 각의 크기가 같은 사각형입니다.

④ 이웃하는 두 각의 크기의 합이 180°입니다.

⑤ 이웃하는 두 변의 길이가 같은 사각형입니다.

1. 평행사변형은 마주 보는 변의 길이와 마주 보는 각의 크기가 각각 같습니다.

2 점 종이에서 한 꼭짓점만 옮겨서 평행사변형이 되게 하는 방법을 설명해 보세요.

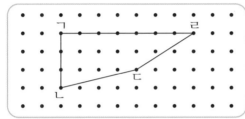

3 오른쪽 모눈종이 위에 평행사변형 ㄱㄴㄷㄹ을 완성해 보세요.

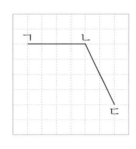

평행사변형을 어떻게 그리지?

마주 보는 두 쌍의 변이 서로 평행하도록 그려 봐!

4 평행사변형입니다. □ 안에 알맞은 수를 써넣으세요.

(1)
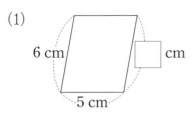
6 cm   □ cm   5 cm

(2)
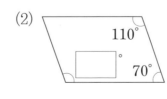
110°
□ °
70°

1 다음 사각형 중에서 평행사변형을 모두 찾아 기호를 써 보세요.

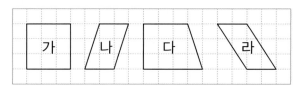

(   )

2 다음 사각형 중에서 평행사변형을 모두 찾아 기호를 써 보세요.

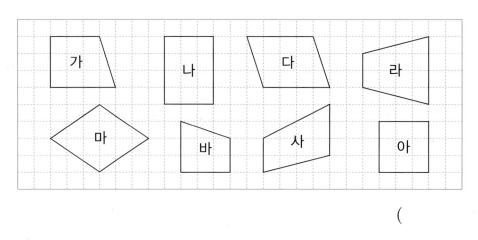

(   )

🌿 평행사변형입니다. 서로 평행한 변을 찾아 써 보세요. [3~6]

3

변 (   )과 변 (   )
변 (   )과 변 (   )

4

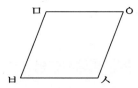

변 (   )과 변 (   )
변 (   )과 변 (   )

5

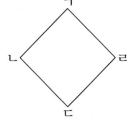

변 (   )과 변 (   )
변 (   )과 변 (   )

6

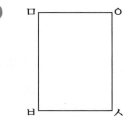

변 (   )과 변 (   )
변 (   )과 변 (   )

7 평행사변형을 완성해 보세요.

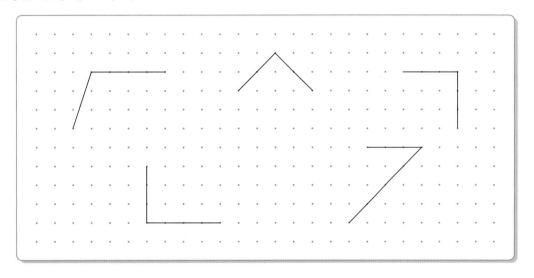

🌿 평행사변형입니다. ☐ 안에 알맞은 수를 써넣으세요. [8~13]

8

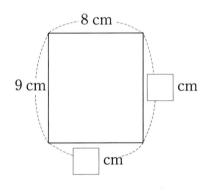

8 cm

9 cm

☐ cm

☐ cm

9

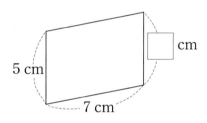

☐ cm

5 cm

7 cm

10

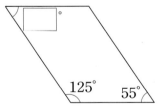

☐°

125°   55°

11

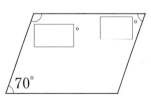

☐°   ☐°

70°

12

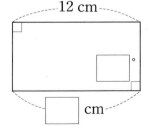

12 cm

☐°

☐ cm

13

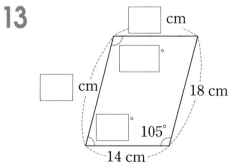

☐ cm

☐°

☐ cm   18 cm

☐°

105°

14 cm

step 1 원리 꼼꼼

6. 마름모 알아보기

🍀 **마름모 알아보기**

네 변의 길이가 모두 같은 사각형을 마름모라고 합니다.

🍀 **마름모의 성질 알아보기**

① 마주 보는 두 쌍의 변이 서로 평행합니다.

② 마주 보는 각의 크기가 같습니다.

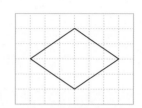

원리 확인 ① 네 변의 길이가 모두 같은 사각형을 찾아보세요.

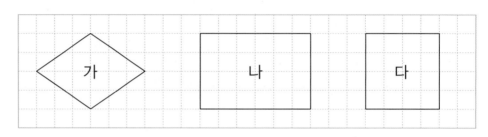

(1) 네 변의 길이가 모두 같은 사각형은 ☐, ☐ 입니다.

(2) 위 (1)과 같은 사각형을 ☐ 라고 합니다.

원리 확인 ② ☐ 안에 알맞은 말을 써넣으세요.

> 마름모는 마주 보는 두 쌍의 변이 서로 ☐ 하고, 마주 보는 ☐ 의 크기가
> 서로 같습니다.

원리 확인 ③ 오른쪽 사각형 ㄱㄴㄷㄹ은 마름모입니다. ☐ 안에 알맞게 써넣으세요.

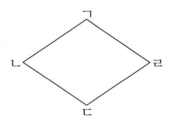

(1) 변 ㄱㄴ과 평행한 변은 변 ☐ 입니다.

(2) 각 ㄱㄴㄷ과 크기가 같은 각은 각 ☐ 입니다.

(3) 마름모 ㄱㄴㄷㄹ은 마주 보는 한 쌍의 변이 서로 평행하므로 ☐ 이라고 할 수도 있고, 마주 보는 두 쌍의 변이 서로 평행하므로 ☐ 이라고 할 수도 있습니다.

1 마름모를 모두 찾아 기호를 써 보세요.

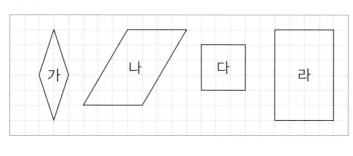

(   )

1. 다음과 같이 여러 가지 모양의 마름모가 있습니다.

2 점 종이에 마름모 ㄱㄴㄷㄹ을 완성해 보세요.

(1)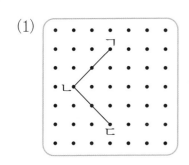

(2)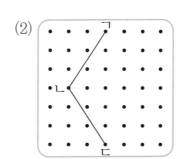

2. 네 변의 길이가 모두 같도록 나머지 두 변을 그려 봅니다.

3 다음 사각형은 마름모입니다. □ 안에 알맞은 수를 써넣으세요.

(1)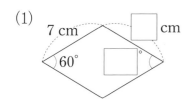

(2)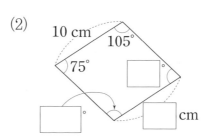

3. 마름모는 네 변의 길이가 모두 같고, 마주 보는 각의 크기가 같습니다.

4 직사각형 모양의 종이를 그림과 같이 한 번 접어서 잘라 내어 가 부분을 펼친 것입니다. 펼친 도형은 마름모라고 할 수 있는지 설명해 보세요.

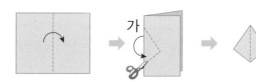

마름모가 어떤 사각형인지 먼저 알아야겠지.

1 다음 사각형 중에서 마름모를 모두 찾아 기호를 써 보세요.

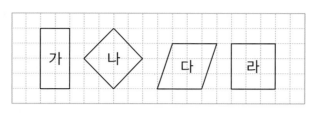

(   )

다음 사각형 중에서 마름모를 모두 찾아 ○표 하세요. [2~4]

2

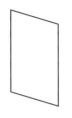

(   )   (   )   (   )   (   )

3

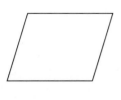

(   )   (   )   (   )   (   )

4

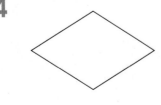

(   )   (   )   (   )   (   )

5 마름모를 완성해 보세요.

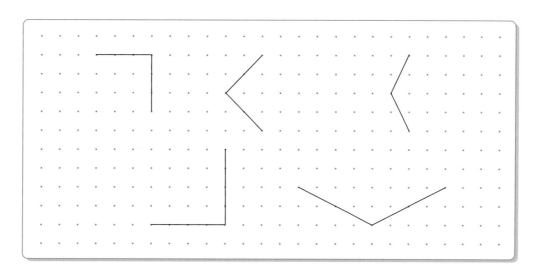

다음 사각형은 마름모입니다. ☐ 안에 알맞은 수를 써넣으세요. [6~11]

6

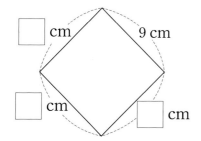

7

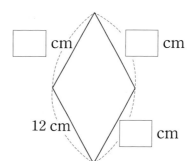

8

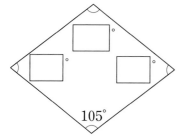

9

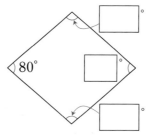

10

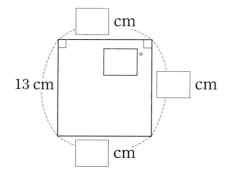

11

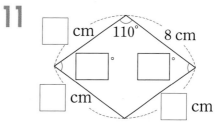

step 1 원리 콩콩

7. 여러 가지 사각형 알아보기

🍀 **직사각형의 성질 알아보기**

• 네 각이 모두 직각입니다.　　• 마주 보는 두 쌍의 변의 길이가 서로 같습니다.
• 직사각형은 마주 보는 두 쌍의 변이 서로 평행하므로 평행사변형, 사다리꼴이
　라고 할 수 있습니다.

🍀 **정사각형의 성질 알아보기**

• 네 각이 모두 직각입니다.　　• 네 변의 길이가 모두 같습니다.
• 마주 보는 두 쌍의 변이 서로 평행합니다.
• 정사각형은 네 각이 모두 직각이므로 직사각형이라고 할 수 있고, 네 변의 길이가
　모두 같으므로 마름모라고 할 수도 있습니다.

원리 확인 ① 직사각형의 변의 길이와 각의 크기에 대한 여러 가지 성질을 알아보세요.

(1) 변 ㄱㄹ과 변 [　], 변 ㄱㄴ과 변 [　]은 서로
　평행합니다.

(2) 직사각형은 마주 보는 한 쌍의 변이 서로 평행하므로 [　　　]이라 할 수 있고,
　마주 보는 두 쌍의 변이 서로 평행하므로 [　　　]이라고 할 수도 있습니다.

원리 확인 ② 정사각형의 변의 길이와 각의 크기에 대한 여러 가지 성질을 알아보세요.

(1) 변 ㄱㄹ과 변 [　], 변 ㄱㄴ과 변 [　]은 서로 평행합니다.

(2) 정사각형 ㄱㄴㄷㄹ은 네 각이 모두 [　　]이고 네 변의 길이가 모두
　(같습니다. 다릅니다.)

(3) 정사각형은 마주 보는 한 쌍의 변이 서로 평행하므로 [　　　]이라 할 수 있고,
　마주 보는 두 쌍의 변이 서로 평행하므로 [　　　]이라고 할 수도 있습니다.

(4) 정사각형은 네 각이 모두 직각이므로 [　　　]이라고 할 수 있습니다.

(5) 정사각형은 네 변의 길이가 모두 같으므로 [　　　]라고 할 수 있습니다.

1 직사각형과 정사각형의 공통점이 <u>아닌</u> 것을 고르세요. (   )

① 네 각이 모두 직각입니다.
② 마주 보는 두 쌍의 변의 길이가 같습니다.
③ 마주 보는 두 쌍의 변이 서로 평행합니다.
④ 사다리꼴이라고 할 수 있습니다.
⑤ 마름모라고 할 수 있습니다.

우리의 공통점이 뭘까?

2 다음은 어떤 도형에 대한 설명인가요?

> • 직사각형이라고 할 수 있습니다.
> • 마름모라고 할 수 있습니다.

(   )

4
단원

3 직사각형 모양의 종이테이프를 선을 따라 오렸습니다. 물음에 답하세요.

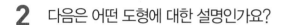

(1) 사다리꼴을 모두 찾아 기호를 써 보세요.   (   )

(2) 평행사변형을 모두 찾아 기호를 써 보세요.   (   )

(3) 마름모를 찾아 기호를 써 보세요.   (   )

(4) 직사각형을 모두 찾아 기호를 써 보세요.   (   )

(5) 정사각형을 찾아 기호를 써 보세요.   (   )

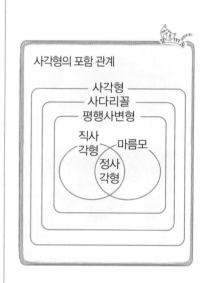

사각형의 포함 관계

4 다음 도형은 직사각형입니다. ☐ 안에 알맞은 수를 써넣으세요.

(1)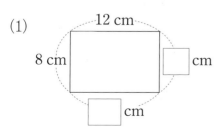

(2)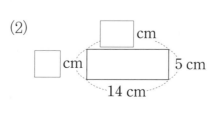

1 그림을 보고 ☐ 안에 알맞게 써넣으세요.

- ☐ 각이 모두 직각입니다.
- 마주 보는 ☐의 길이가 같습니다.
- 마주 보는 두 쌍의 변이 서로 ☐합니다.
- 이와 같은 도형을 ☐이라고 합니다.

🍂 **그림을 보고 물음에 답하세요. [2~6]**

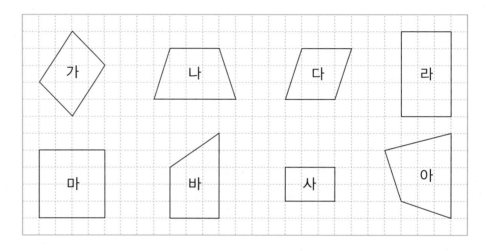

2 사다리꼴을 모두 찾아 기호를 써 보세요.　　　　　　　　　(　　　　　　)

3 평행사변형을 모두 찾아 기호를 써 보세요.　　　　　　　(　　　　　　)

4 직사각형을 모두 찾아 기호를 써 보세요.　　　　　　　　(　　　　　　)

5 직사각형과 평행사변형을 사다리꼴이라고 할 수 있나요?　　(　　　　　　)

6 직사각형을 평행사변형이라고 할 수 있나요?　　　　　　　(　　　　　　)

7 그림을 보고 □ 안에 알맞게 써넣으세요.

- □ 각이 모두 직각입니다.
- □ 변의 길이가 모두 같습니다.
- 마주 보는 두 쌍의 변이 서로 □ 합니다.
- 이와 같은 도형을 □ 이라고 합니다.

🍃 그림을 보고 물음에 답하세요. [8 ~ 12]

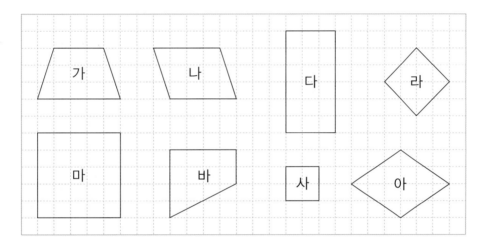

8 마름모를 모두 찾아 기호를 써 보세요.   (   )

9 직사각형을 모두 찾아 기호를 써 보세요.   (   )

10 정사각형을 모두 찾아 기호를 써 보세요.   (   )

11 정사각형을 마름모라고 할 수 있나요?   (   )

12 정사각형을 직사각형이라고 할 수 있나요?   (   )

step 4 유형 콕콕

01 두 직선이 만나서 이루는 각이 직각인 곳을 모두 찾아 표시해 보세요.

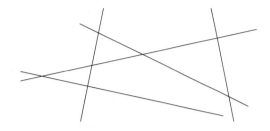

02 직선 ㄱㄴ에 대한 수선을 모두 찾아 써 보세요.

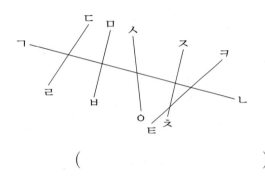

(   )

03 평행선을 모두 찾아 보세요.

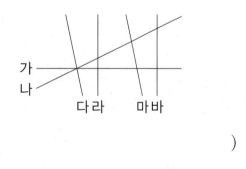

(   )

04 그림에서 평행선은 모두 몇 쌍인가요?

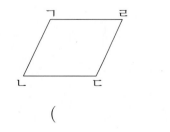

(   )

05 그림에서 직선 ㄱㄴ에 평행한 직선을 바르게 그린 것을 찾아 기호를 써 보세요.

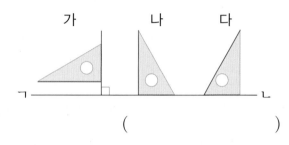

(   )

06 평행선 사이의 거리를 바르게 나타낸 선분을 찾아 기호를 써 보세요.

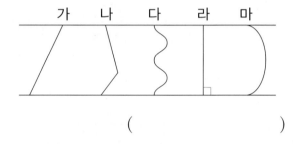

(   )

07 선분의 길이를 비교하여 ○ 안에 >, =, <를 알맞게 써넣으세요.

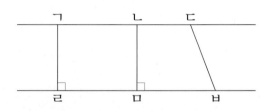

(1) 선분 ㄱㄹ ◯ 선분 ㄴㅁ

(2) 선분 ㄱㄹ ◯ 선분 ㄷㅂ

08 다음 도형에서 평행선 사이의 거리는 몇 cm 인가요?

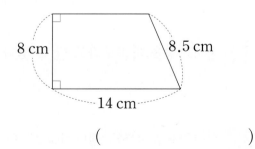

(   )

09 도형을 보고 물음에 답하세요.

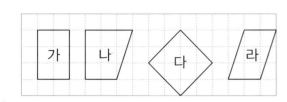

(1) 사다리꼴을 모두 찾아 기호를 써 보세요.

( )

(2) 평행사변형을 모두 찾아 기호를 써 보세요.

( )

10 오른쪽 도형은 사다리꼴입니다. 변 ㄷㄹ과 평행한 변을 찾아 써 보세요.

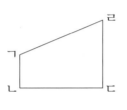

( )

11 평행사변형을 보고 물음에 답하세요.

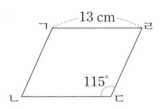

(1) 변 ㄴㄷ의 길이는 몇 cm인가요?

( )

(2) 각 ㄱㄴㄷ의 크기를 구해 보세요.

( )

12 평행사변형의 네 변의 길이의 합은 28 cm입니다. 변 ㄱㄹ의 길이를 구해 보세요.

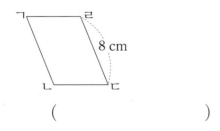

( )

13 오른쪽 도형은 마름모입니다. 마름모의 네 변의 길이의 합은 몇 cm인가요?

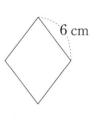

( )

14 가 도형은 직사각형, 나 도형은 정사각형입니다. ☐ 안에 알맞은 수를 써넣으세요.

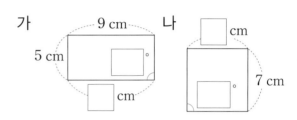

15 다음 도형은 마름모입니다. ☐ 안에 알맞은 수를 써넣으세요.

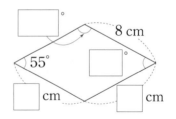

16 주어진 도형의 이름이 될 수 있는 것을 모두 찾아 기호를 써 보세요.

┌─────────────────────────────────────┐
│ ㉠ 사각형   ㉡ 사다리꼴   ㉢ 평행사변형 │
│ ㉣ 마름모   ㉤ 직사각형   ㉥ 정사각형 │
└─────────────────────────────────────┘

( )

단원 평가

4. 사각형

점수

01 □ 안에 알맞은 말을 써넣으세요.

두 직선이 만나서 이루는 각이 직각일 때, 두 직선은 서로 □이라고 합니다. 이때 한 직선을 다른 직선에 대한 □이라고 합니다.

02 직선 가에 수직인 직선은 어느 것인가요?
( )

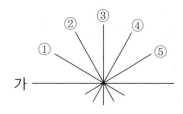

03 서로 수직인 두 직선을 찾아 써 보세요.

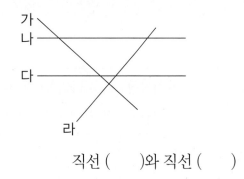

직선 ( )와 직선 ( )

04 그림을 보고 변 ㄴㅁ에 대한 수선을 찾아 써 보세요.

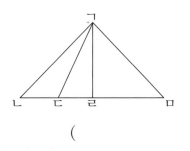

( )

05 직사각형에서 한 변과 수직인 변은 몇 개인가요?
( )

06 다음 사각형의 점 ㄴ에서 변 ㄱㄹ에 대한 수선을 그어 보세요.

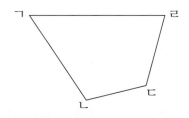

07 평행선을 모두 찾아 써 보세요.

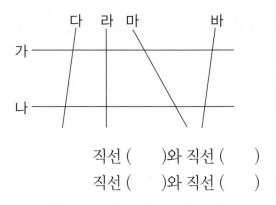

직선 ( )와 직선 ( )
직선 ( )와 직선 ( )

08 직사각형에서 서로 평행한 변을 모두 찾아 써 보세요.

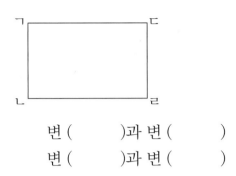

변 (   )과 변 (   )

변 (   )과 변 (   )

09 한 직선에 평행하게 그릴 수 있는 직선은 몇 개인가요? (   )

① 1개   ② 2개   ③ 3개

④ 4개   ⑤ 셀 수 없이 많습니다.

10 직선 가와 나는 서로 평행합니다. 평행선 사이의 거리를 바르게 나타낸 것은 어느 것인가요? (   )

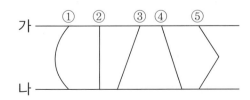

11 도형에서 평행선 사이의 거리는 몇 cm인 가요?

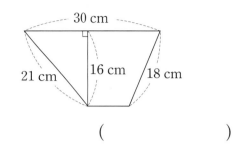

(   )

12 다음 중 사다리꼴은 어느 것인가요?

(   )

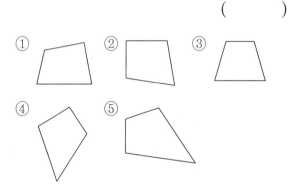

13 주어진 선분을 두 변으로 하는 평행사변 형을 그려 보세요.

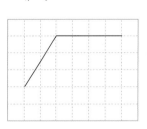

4
단원

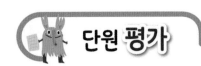

🍃 다음 도형은 평행사변형입니다. ☐ 안에 알맞은 수를 써넣으세요. [14~15]

14

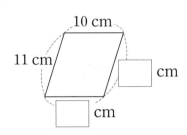

15

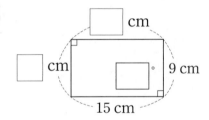

🍃 다음 도형은 마름모입니다. ☐ 안에 알맞은 수를 써넣으세요. [17~18]

17

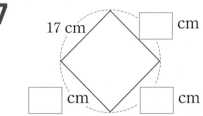

18

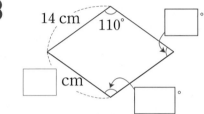

19 주어진 선분을 한 변으로 하는 마름모를 그려 보세요.

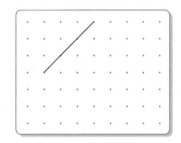

16 다음 중 마름모에 대하여 바르게 설명한 것을 모두 고르세요. (   )

① 네 변의 길이가 같습니다.
② 네 각의 크기가 같습니다.
③ 마주 보는 각의 크기가 같습니다.
④ 마주 보는 두 쌍의 변이 평행합니다.
⑤ 정사각형이라고 할 수 있습니다.

20 오른쪽 도형의 이름으로 볼 수 없는 것을 모두 고르세요.
(   )

① 사다리꼴   ② 평행사변형
③ 마름모   ④ 직사각형
⑤ 정사각형

꺾은선그래프

이번에 배울 내용

1 꺾은선그래프 알아보기

2 꺾은선그래프의 내용 알아보기

3 꺾은선그래프로 나타내기

4 꺾은선그래프로 자료 해석하기

이전에 배운 내용

• 분류하기
• 표 만들기
• 그림그래프로 나타내기
• 막대그래프로 나타내기

다음에 배울 내용

• 자료의 표현
• 비율그래프로 나타내기

1. 꺾은선그래프 알아보기

꺾은선그래프

몸무게나 온도, 키와 같이 연속적으로 변화하는 양을 점으로 찍고 그 점들을 선분으로 연결하여 한눈에 알아보기 쉽게 나타낸 그래프를 꺾은선그래프라고 합니다.

막대그래프와 꺾은선그래프 비교하기

막대그래프	꺾은선그래프
• 각 부분의 상대적인 크기를 비교하기 쉽습니다. • 전체적인 자료의 내용을 한눈에 알아보기 쉽습니다.	• 시간에 따른 연속적인 변화나 늘어나고 줄어든 변화 상황을 알기 쉽습니다. • 중간의 값을 예상할 수 있습니다.

 원리 확인 1 어느 날 상연이네 교실의 온도를 조사하여 표와 그래프로 나타내었습니다. 그래프의 내용을 알아보세요.

교실의 온도

시각(시)	오전 10	오전 11	낮 12	오후 1	오후 2
온도(℃)	7	9	12	15	20

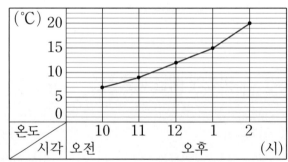

(1) 위와 같은 그래프를 [   ]라고 합니다.

(2) 그래프의 가로 눈금은 [   ]을, 세로 눈금은 [   ]를 나타냅니다.

(3) 온도가 가장 높은 때는 오후 [   ]시이고, 가장 낮은 때는 오전 [   ]시입니다.

(4) 꺾은선그래프에서 오전 10시 30분의 온도는 오전 10시와 11시 사이의 중간 온도인 약 [   ]℃라고 할 수 있습니다.

(5) 교실의 온도 변화를 쉽게 알 수 있는 것은 (표, 꺾은선그래프)입니다.

(6) 꺾은선그래프에서 온도의 변화가 가장 심한 때는 오후 1시와 [   ]시 사이입니다.

1 가영이가 강낭콩의 키를 4일 간격으로 재어 그래프로 나타낸 것입니다. 물음에 답하세요.

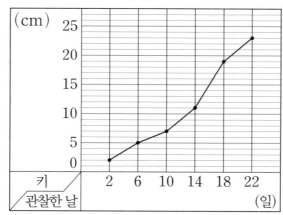

강낭콩의 키

1. (4) 18일과 22일의 중간값을 알아봅니다.

가로 눈금과 세로 눈금이 만나는 곳에 점을 찍고 선분으로 이어 그린 그래프지.

(1) 위와 같은 그래프를 무슨 그래프라고 하나요?

( )

(2) 가로와 세로 눈금은 각각 무엇을 나타내나요?

가로 ( ), 세로 ( )

(3) 가장 많이 자라난 때는 며칠에서 며칠 사이인가요?

( )

(4) 20일에는 강낭콩의 키가 약 몇 cm였나요?

( )

2 어느 날 거실의 온도를 재어 나타낸 꺾은선그래프입니다. 물음에 답하세요.

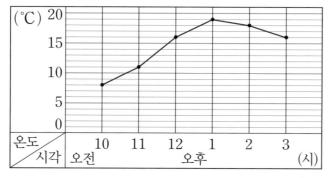

거실의 온도

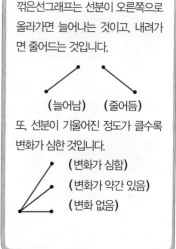
꺾은선그래프는 선분이 오른쪽으로 올라가면 늘어나는 것이고, 내려가면 줄어드는 것입니다.

(늘어남) (줄어듬)
또, 선분이 기울어진 정도가 클수록 변화가 심한 것입니다.

(변화가 심함)
(변화가 약간 있음)
(변화 없음)

(1) 세로 눈금 한 칸은 몇 도를 나타내나요? ( )

(2) 온도가 가장 높을 때는 몇 시인가요? ( )

(3) 온도의 변화가 가장 큰 때는 몇 시와 몇 시 사이인가요?

( )

🍂 꺾은선그래프로 나타내면 더 좋은 것에 ○표 하세요. [1~10]

1 도시 인구의 변화 ( )
학년별 학생 수 ( )

2 각 나라별 인구 수 ( )
세계의 인구 변화 ( )

3 가장 좋아하는 음식 ( )
10년 동안의 쌀 생산량 ( )

4 4학년 학생들의 키의 변화 ( )
한초네 반 학생들의 키 ( )

5 국가별 관광객 수 ( )
관광 수입의 변화 ( )

6 연도별 생산된 자동차 수 ( )
국가별 생산된 자동차 수 ( )

7 1년 동안 동민이의 키의 변화 ( )
학생들이 좋아하는 색깔 ( )

8 물을 가열할 때의 온도 변화 ( )
친구들의 장래 희망 ( )

9 4학년 학생들의 혈액형별 학생 수 ( )
4년 동안의 강수량의 변화 ( )

10 학생별 수학 점수 ( )
개월 수에 따른 아기의 몸무게 ( )

2개월마다 각 달의 1일에 토끼의 무게를 조사하여 나타낸 표와 그래프입니다. 물음에 답하세요.

[11~16]

토끼의 무게

월	1	3	5	7
무게(kg)	3	5	8	8

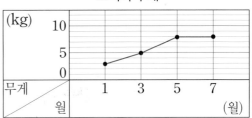

11 위와 같은 그래프를 무슨 그래프라고 하나요?

( )

12 꺾은선그래프의 가로와 세로는 각각 무엇을 나타내나요?

가로 ( )
세로 ( )

13 세로 눈금 한 칸의 크기는 몇 kg인가요?

( )

14 꺾은선은 무엇을 나타내나요?

( )

15 토끼의 무게가 변화하는 모습을 쉽게 알 수 있는 것은 표와 꺾은선그래프 중에서 어느 것인가요?

( )

16 2월 1일에 토끼의 무게는 약 몇 kg인가요?

( )

step 1 원리 꼼꼼

2. 꺾은선그래프의 내용 알아보기

🍀 꺾은선그래프의 내용 알아보기

식물의 키를 매일 오후 10시에 조사하여 나타낸 꺾은선그래프입니다.

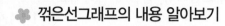

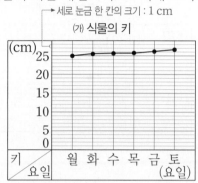

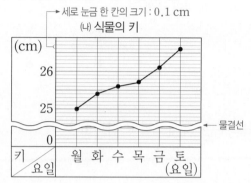

- 식물의 키의 변화를 뚜렷하게 알아볼 수 있는 그래프는 (나) 그래프입니다.
- 꺾은선그래프로 나타낼 때 필요 없는 부분을 줄이기 위한 ≈을 물결선이라고 합니다.
- 세로 눈금 한 칸의 크기를 작게 그릴수록 변화하는 모양을 뚜렷하게 나타낼 수 있습니다.
- 전날에 비해 식물의 키가 가장 많이 자란 요일은 토요일입니다.

 석기의 몸무게를 매월 1일에 조사하여 나타낸 꺾은선그래프입니다. ☐ 안에 알맞게 써 넣으세요.

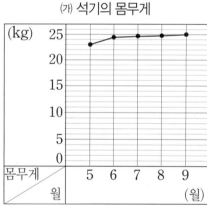

(1) (가) 그래프에서 세로 눈금 한 칸의 크기는 ☐ kg입니다.

(2) (나) 그래프에서 세로 눈금 한 칸의 크기는 ☐ kg입니다.

(3) 몸무게는 ☐ kg부터 ☐ kg까지 변했습니다.

(4) 몸무게가 변화하는 모양을 뚜렷하게 알 수 있는 그래프는 ☐ 그래프입니다.

(5) 석기의 몸무게가 가장 많이 늘어난 때는 ☐ 월입니다.

step 2 원리 탄탄

🍂 다음은 예슬이의 키를 매월 1일에 조사하여 꺾은선그래프로 나타낸 것입니다. 물음에 답하세요. [1~5]

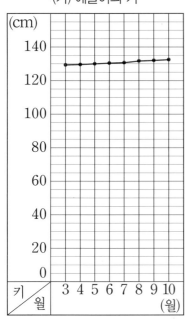

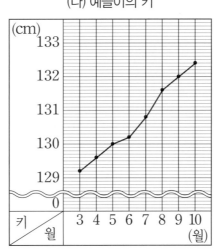

1 위 그래프 중에서 예슬이의 키의 변화하는 모양을 뚜렷하게 알 수 있는 그래프는 어느 것인가요?

(   )

2 세로 눈금 한 칸의 크기는 각각 몇 cm인가요?

(가) (   ), (나) (   )

> **2.** (가) 그래프는 20 cm가 4칸으로 나누어져 있고, (나) 그래프는 1 cm가 10칸으로 나누어져 있습니다.

3 예슬이의 키가 가장 많이 자란 때는 몇 월인가요?

(   )

> **3.** 선분이 기울어진 정도가 가장 큰 때를 찾습니다.

4 9월 15일에는 예슬이의 키가 약 몇 cm였나요?

(   )

5 물결선으로 생략된 부분은 몇 cm까지인가요?

(   )

🌿 꺾은선그래프를 보고 □ 안에 알맞게 써넣으세요. [1~2]

1 꺾은선그래프를 그릴 때 필요 없는 부분을 줄이기 위한 ≈ 을 □ 이라고 합니다.

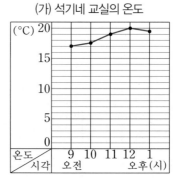
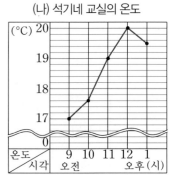

2 (가)와 (나) 중 온도가 변화하는 모양을 더 뚜렷하게 알 수 있는 것은 □ 입니다.

🌿 꺾은선그래프를 보고 물음에 답하세요. [3~5]

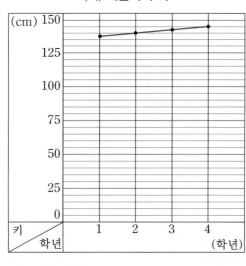
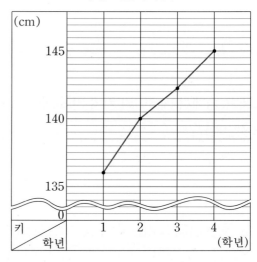

3 (가)와 (나)의 세로 눈금 한 칸의 크기는 각각 몇 cm인가요?

(가) (   )

(나) (   )

4 (가)와 (나) 중 키의 변화를 더 뚜렷하게 알 수 있는 것은 어느 것인가요?

(   )

5 변화하는 모양을 뚜렷하게 나타내려면 눈금 한 칸의 크기를 어떻게 하면 좋겠나요?

(   )

🍂 콩나물의 키를 매일 오전 8시에 조사하여 나타낸 표를 보고 그래프로 나타낸 것입니다. 물음에 답하세요.[6~10]

콩나물의 키

요일	월	화	수	목	금
키(cm)	13.2	13.4	13.7	14.1	14.3

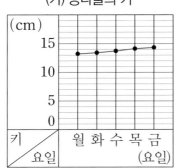

(가) 콩나물의 키

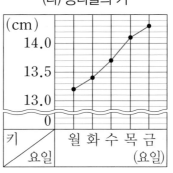

(나) 콩나물의 키

5
단원

6 (가) 그래프에서 세로 눈금 한 칸의 크기는 몇 cm인가요?

( )

7 (나) 그래프에서 세로 눈금 한 칸의 크기는 몇 cm인가요?

( )

8 (가) 그래프와 (나) 그래프 중에서 콩나물의 키의 변화를 더 잘 알 수 있는 그래프는 어느 것인가요?

( )

9 콩나물의 키가 가장 많이 자란 요일은 언제인가요?

( )

10 월요일 오전 8시부터 금요일 오전 8시까지 콩나물의 키는 몇 cm 자랐나요?

( )

원리 꼼꼼

3. 꺾은선그래프로 나타내기

❖ 물결선을 사용한 꺾은선그래프 그리는 순서

① 가로와 세로에 각각 무엇을 나타낼지 정합니다.

② 세로 눈금 한 칸의 크기를 정합니다.

③ 물결선으로 나타낼 부분을 정하고 물결선을 그립니다. → 그래프를 그리는 데 꼭 필요한 부분을 생각하여 물결선으로 나타낼 부분을 정합니다.

④ 가로 눈금과 세로 눈금이 만나는 자리에 점을 찍습니다.

⑤ 점과 점을 차례로 선분으로 잇습니다.

⑥ 꺾은선그래프의 제목을 씁니다.

유승이의 매달리기 기록

요일	월	화	수	목
기록(초)	42	47	53	55

• 그래프를 그리는 데 꼭 필요한 부분: 42초부터 55초까지

• ≈(물결선)으로 나타낼 부분: 0초부터 40초까지

• 세로 눈금 한 칸의 크기: 1초

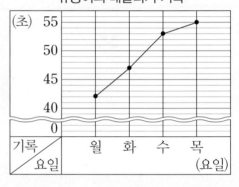

유승이의 매달리기 기록

---

 ① 혜성이의 체온을 1시간마다 재어 나타낸 표입니다. 표를 보고 물결선을 사용한 꺾은선 그래프로 나타내려고 합니다. 물음에 답하세요.

혜성이의 체온

시각(시)	6	7	8	9	10	11
체온(℃)	36.7	37.0	37.1	37.3	36.9	36.4

(1) 혜성이의 체온이 가장 낮을 때 몇 도인가요?　　　　　　　(　　　　　　　)

(2) 혜성이의 체온이 가장 높을 때는 몇 도인가요?　　　　　　(　　　　　　　)

(3) 그래프를 그리는 데 꼭 필요한 부분은 몇 도부터 몇 도까지인가요?

　　　　　　　　　　　　　　　　　　　　　　　　(　　　　　　　　　　　)

(4) 0 ℃부터 몇 ℃까지 물결선으로 나타내는 것이 좋겠나요? (　　　　)

　　① 30 ℃　　　　② 32 ℃　　　　③ 34 ℃　　　　④ 36 ℃　　　　⑤ 38 ℃

(5) 세로 눈금 한 칸의 크기는 몇 ℃로 하는 것이 좋겠나요? (　　　　)

　　① 0.1 ℃　　　　② 1 ℃　　　　③ 2 ℃　　　　④ 5 ℃　　　　⑤ 10 ℃

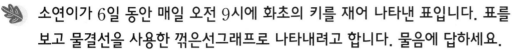
🌿 소연이가 6일 동안 매일 오전 9시에 화초의 키를 재어 나타낸 표입니다. 표를
보고 물결선을 사용한 꺾은선그래프로 나타내려고 합니다. 물음에 답하세요.

[1~4]

화초의 키

날짜(일)	1	2	3	4	5	6
키(cm)	18.4	18.6	18.7	19.0	19.3	19.5

1 그래프를 그리는 데 꼭 필요한 부분은 몇 cm부터 몇 cm까지인가요?

( )

1. 조사한 값은 그래프에 모두 나타내야 합니다.

2 물결선으로 나타낼 부분을 정해 보세요.

( )

3 세로 눈금 한 칸의 크기는 몇 cm로 하는 것이 좋겠나요?

( )

3. 화초의 키를 소수 첫째 자리까지 조사한 것을 생각하여 세로 눈금 한 칸의 크기를 정합니다.

4 위 표를 보고 물결선을 사용한 꺾은선그래프를 그려 보세요.

화초의 키

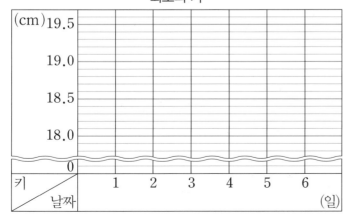

어느 서점의 월별 책 판매량을 조사하여 나타낸 표를 보고 꺾은선그래프로 나타내려고 합니다. 물음에 답하세요. [1~6]

월별 책 판매량

월	3	4	5	6
판매량(권)	124	130	134	129

1 꺾은선그래프로 나타낼 때 가로 눈금에는 무엇을 나타내면 좋겠나요?

( )

2 꺾은선그래프로 나타낼 때 세로 눈금에는 무엇을 나타내면 좋겠나요?

( )

3 세로 눈금 한 칸의 크기는 얼마로 하는 것이 좋겠나요?

( )

4 그래프를 그리는데 꼭 필요한 부분은 몇 권부터 몇 권까지인가요?

( )

5 0권부터 몇 권까지 물결선으로 나타내는 것이 좋겠나요? ( )

① 50권 ② 70권 ③ 100권
④ 120권 ⑤ 140권

6 물결선을 사용한 꺾은선그래프를 그려 보세요.

(권)

120
0

3

(월)

🌿 표를 보고 물결선을 사용한 꺾은선그래프를 그려 보세요. [7~9]

7

아침 최저 기온

날짜(일)	9	10	11	12
기온(℃)	8.3	9.1	8.7	9.5

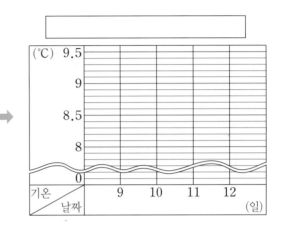

8

연도별 4학년 학생 수   (매년 3월 조사)

연도(년)	2021	2022	2023	2024
학생 수(명)	229	235	225	238

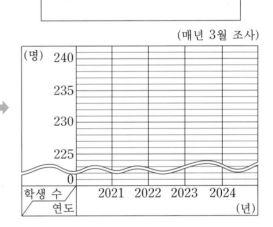

9

연도별 평균 수명

연도(년)	1985	1995	2005	2015	2025
수명(세)	65.9	71.4	75.9	80.6	84.5

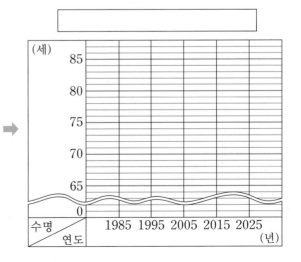

4. 꺾은선그래프로 자료 해석하기

❀ 꺾은선그래프를 보고 여러 가지 내용 알아보기

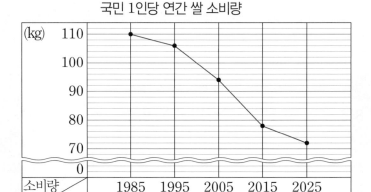

국민 1인당 연간 쌀 소비량

〈그래프에서 알 수 있는 내용〉

• 세로 눈금은 쌀 소비량을 나타내고 70 kg부터 80 kg까지 5칸이므로 세로 눈금 한 칸의 크기는 $10 \div 5 = 2(\text{kg})$임을 알 수 있습니다.

• 국민 1인당 연간 쌀 소비량이 1985년 110 kg에서 2025년 72 kg으로 점점 줄어들고 있음을 알 수 있습니다.

• 국민 1인당 쌀 소비량이 줄어들고 있으므로 2035년에는 2025년보다 쌀 소비량이 더 줄어들 것으로 예상할 수 있습니다.

 1 지혜는 거실의 온도를 조사하여 꺾은선그래프로 나타내었습니다. 물음에 답하세요.

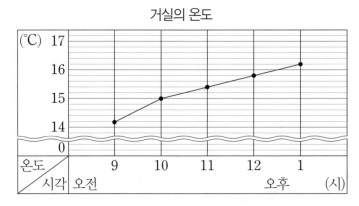

거실의 온도

(1) 거실의 온도는 시간이 지날수록 올라가고 있나요, 내려가고 있나요?

(   )

(2) 오전 9시 30분의 온도는 약 몇 도인가요? (   )

(3) 오후 1시와 오전 10시의 거실의 온도 차는 몇 도인가요?

(   )

step 2 원리 탄탄

기본 문제를 통해 개념과 원리를 다져요.

 어느 지역의 강수량을 2시간마다 조사하여 꺾은선그래프로 나타낸 것입니다. 물음에 답하세요. [1~2]

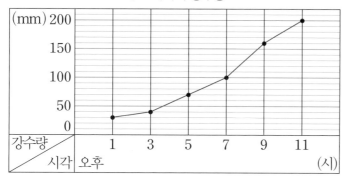

1 강수량은 늘어나고 있나요, 줄어들고 있나요?

(   )

2 비가 가장 많이 내린 때는 몇 시와 몇 시 사이인가요?

(   )

 체조 선수의 기록을 조사하여 나타낸 꺾은선그래프입니다. 두 꺾은선그 래프를 보고 □ 안에 알맞게 써넣으세요. [3~5]

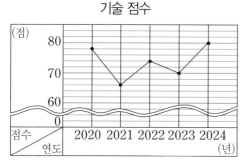
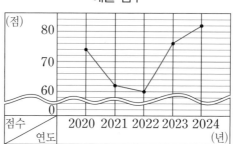

3 연도별로 얻은 기술 점수를 살펴보면 ☐ 점과 ☐ 점 사이에 있습 니다.

4 예술 점수의 변화를 살펴보면 ☐ 년에 가장 낮고 ☐ 년에 가장 높습니다.

5 기술 점수와 예술 점수 중 변화가 더 심한 것은 ☐ 입니다.

5
단원

step 3 원리 척척

어느 해 11월의 아침 최저 기온을 조사하여 나타낸 꺾은선 그래프입니다. □ 안에 알맞게 써넣으세요. [1~3]

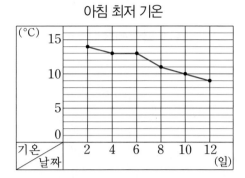

아침 최저 기온

1 7일의 아침 최저 기온은 약 □ 입니다.

2 아침 최저 기온이 같았던 때는 □ 일과 □ 일입니다.

3 12일 이후 아침 최저 기온은 9 ℃보다 □ 것이라고 예상합니다.

어느 컴퓨터 회사의 불량품 수를 조사하여 나타낸 꺾은선그래프입니다. 물음에 답하세요. [4~6]

불량품 수

4 2023년의 불량품 수는 약 몇 개인가요?

( )

5 2016년과 2024년의 불량품 수의 차는 몇 개인가요?

( )

6 불량품 수는 2016년에 비하여 2024년에는 어떻게 변하였나요?

( )

🍃 어느 가게의 월별 음료수 판매량을 매월 말일 조사하여 꺾은선그래프로 나타내었습니다. 물음에 답하세요.
[7~11]

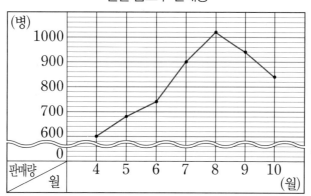

월별 음료수 판매량

7 세로 눈금 한 칸의 크기는 몇 병을 나타내나요?

(   )

8 판매량이 가장 적은 달과 그 때의 판매량을 써 보세요.

(   )

9 판매량이 가장 많은 달과 그 때의 판매량을 써 보세요.

(   )

10 전달에 비해 판매량이 가장 많이 늘어난 때는 몇 월인가요?

(   )

11 10월 이후의 판매량은 어떻게 변할 것인지 써 보세요.

(   )

01 □ 안에 알맞은 말을 써넣으세요.

연속적으로 변화하는 양을 점으로 찍고 그 점들을 선분으로 연결하여 한눈에 알아보기 쉽게 나타낸 그래프를 [ ] 라고 합니다.

02 지혜의 몸무게를 매 학년 말에 재어 나타낸 그래프입니다. 표의 빈칸에 알맞은 몸무게를 써넣으세요.

지혜의 몸무게

(kg) 30 / 20 / 10 / 0
몸무게 / 학년   1 2 3 4 (학년)

지혜의 몸무게

학년	몸무게(kg)
1학년	18
2학년	
3학년	
4학년	

03 어느 도시의 매월 최고 기온을 조사하여 나타낸 표입니다. 물음에 답하세요.

도시의 최고 기온

월	기온(℃)
3	12
4	18
5	20
6	24

도시의 최고 기온

(℃) 30 / 20 / 10 / 0
기온 / 월   3 4 5 6 (월)

(1) 세로 눈금 한 칸의 크기는 몇 도인가요?

( )

(2) 표를 보고 꺾은선그래프로 나타내 보세요.

04 □ 안에 알맞은 말을 써넣으세요.

꺾은선그래프에서 변화하는 모양을 가능한 뚜렷하게 나타내기 위해서 [ ]을 사용하여 세로 눈금 한 칸의 크기를 [ ] 잡아 주어야 합니다.

05 상연이의 수학 성적을 매월 평가하였습니다. 표를 보고 물음에 답하세요.

수학 성적

월	3	4	5	6	7
점수(점)	85	87	82	95	93

(1) 그래프를 그리는 데 꼭 필요한 점수는 몇 점부터 몇 점까지인가요?

( )

(2) 세로 눈금 한 칸의 크기는 몇 점으로 하면 좋겠나요?

( )

(3) 물결선을 사용하여 꺾은선그래프로 나타내 보세요.

수학 성적

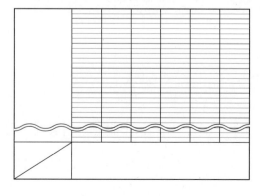

06 꺾은선그래프의 일부분입니다. 조사한 내용의 변화가 <u>없는</u> 것은 어느 것인가요?

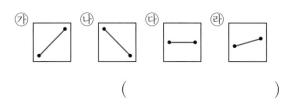

(   )

07 신영이의 키를 매 학년 3월 2일에 측정하여 꺾은선그래프로 나타내었습니다. 물음에 답하세요.

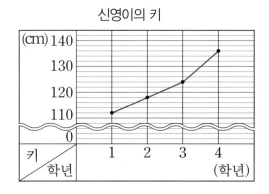

(1) 신영이는 3년 동안 몇 cm가 자랐나요?

(   )

(2) 3학년 9월 2일에는 키가 약 몇 cm가 되었나요?

(   )

08 위 **07**의 꺾은선그래프를 보고 알아낼 수 <u>없는</u> 것은 어느 것인가요? (   )

① 가로 눈금이 나타내는 것
② 세로 눈금이 나타내는 것
③ 세로 눈금 한 칸의 크기
④ 몸무게의 변화에 따른 키의 변화
⑤ 학년의 변화에 따른 키의 변화

놀이터의 온도를 재어 나타낸 꺾은선그래프입니다. 물음에 답하세요. [**09~12**]

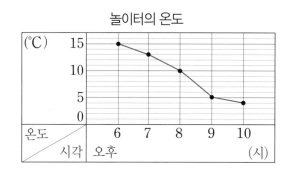

09 온도가 가장 높은 때는 언제인가요?

(   )

10 온도의 변화가 가장 큰 때는 몇 시와 몇 시 사이인가요?

(   )와 (   ) 사이

11 오후 6시부터 오후 10시까지 4시간 동안 온도는 몇 도가 내려 갔나요?

(   )

12 오후 11시에는 온도가 어떻게 될 것이라고 예상하나요?

(   )

5
단원

다음은 어느 회사의 연도별 컴퓨터 생산량을 매년 12월 말일에 조사하여 나타낸 그래프입니다. 물음에 답하세요. [01~05]

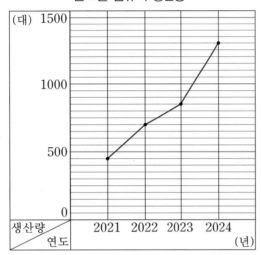

연도별 컴퓨터 생산량

01 위와 같은 그래프를 무슨 그래프라고 하나요?

( )

02 가로 눈금과 세로 눈금은 각각 무엇을 나타내나요?

가로 ( )
세로 ( )

03 세로 눈금 한 칸의 크기는 얼마인가요?

( )

04 생산량이 가장 많은 해는 언제인가요?
( )

05 전년도에 비해 생산량이 가장 많이 늘어난 때는 언제인가요?

( )

다음은 어느 도시의 인구를 매년 12월 말일에 조사하여 나타낸 그래프입니다. 물음에 답하세요. [06~09]

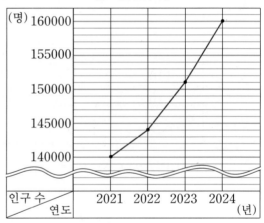

연도별 인구 수

06 가로 눈금과 세로 눈금은 각각 무엇을 나타내나요?

가로 ( )
세로 ( )

07 세로 눈금 한 칸의 크기는 얼마인가요?

( )

08 전년도에 비해 인구 수가 가장 많이 늘어난 때는 언제인가요?

(   )

09 전년도에 비해 인구 수가 가장 적게 늘어난 때는 언제인가요?

(   )

10 꺾은선그래프를 그리는 순서에 맞게 차례대로 기호를 써 보세요.

> ㉠ 점들을 선분으로 연결합니다.
> ㉡ 세로 눈금 한 칸의 크기를 정합니다.
> ㉢ 가로 눈금과 세로 눈금을 무엇으로 할지 정합니다.
> ㉣ 가로 눈금과 세로 눈금이 만나는 자리에 점을 찍습니다.
> ㉤ 꺾은선그래프의 제목을 씁니다.

(   )

동민이네 교실의 온도를 1시간마다 재어 나타낸 표입니다. 물음에 답하세요.

[11~12]

교실의 온도

시각(시)	11	12	1	2	3
온도(℃)	9	12	15	20	16

11 그래프의 세로 눈금 한 칸의 크기는 몇 ℃로 하는 것이 좋겠나요?

(   )

12 표를 보고 꺾은선그래프를 그려 보세요.

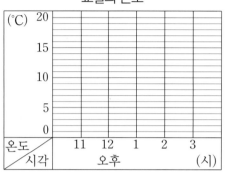

석기의 몸무게를 매월 말일에 조사하여 나타낸 표입니다. 물음에 답하세요. **[13~14]**

석기의 몸무게

월	3	4	5	6	7
몸무게(kg)	27	27.5	28	28.3	27.7

13 그래프를 그리는 데 꼭 필요한 부분은 몇 kg부터 몇 kg까지인가요?

(   )

14 표를 보고 물결선을 사용한 꺾은선그래프를 그려 보세요.

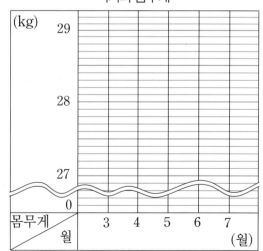

15 어느 미술관의 월별 입장객 수를 조사하여 표로 나타낸 것입니다. 물결선을 사용하여 꺾은선그래프를 그려 보세요.

미술관의 입장객 수

월	3	4	5	6	7
입장객 수(명)	206	232	215	226	240

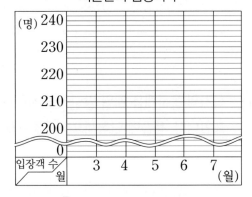

미술관의 입장객 수

지혜의 몸무게를 매월 1일에 조사하여 꺾은선그래프로 나타내었습니다. 물음에 답하세요. **[16~20]**

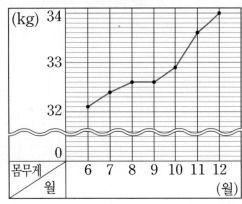

지혜의 몸무게

16 몸무게가 같았던 때는 몇 월 1일과 몇 월 1일인가요?

(   )

17 몸무게가 가장 많이 늘어난 때는 몇 월인가요?

(   )

18 6개월 동안 늘어난 몸무게는 모두 몇 kg인가요?

(   )

19 11월 15일에는 몸무게가 몇 kg이라고 예상할 수 있나요?

(   )

20 다음 해의 1월에 지혜의 몸무게는 어떻게 변할 것이라고 예상할 수 있나요?

(   )

이번에 배울 내용

1 다각형 알아보기

2 정다각형 알아보기

3 대각선 알아보기

4 모양 만들기와 모양 채우기

 이전에 배운 내용

• 삼각형 분류하기
• 수직과 평행
• 사각형 분류하기

다음에 배울 내용

• 직육면체와 정육면체 알아보기
• 합동과 대칭 알아보기

step 1 원리 꼼꼼

1. 다각형 알아보기

♣ 다각형 알아보기

- 선분으로만 둘러싸인 도형을 다각형이라고 합니다.
- 다각형은 변의 수에 따라 변이 5개이면 오각형, 6개이면 육각형, 7개이면 칠각형, 8개이면 팔각형 등으로 부릅니다.

다각형이 아닌 도형
- 곡선으로 이루어진 부분이 있는 도형
- 선분으로 둘러싸여 있지 않은 도형

예

다각형					...
변의 수	5개	6개	7개	8개	...
이름	오각형	육각형	칠각형	팔각형	...

원리 확인 ① □ 안에 알맞은 기호나 말을 써넣으세요.

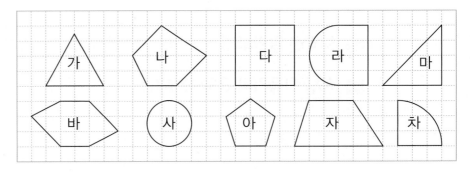

(1) 선분으로만 둘러싸인 도형은 □, □, □, □, □, □, □ 입니다.

(2) 3개의 선분으로 둘러싸인 도형 □ 와 □ 를 □ 이라고 합니다.

(3) 4개의 선분으로 둘러싸인 도형 □ 와 □ 를 □ 이라고 합니다.

(4) 5개의 선분으로 둘러싸인 도형 □ 와 □ 를 □ 이라고 합니다.

(5) 곡선 부분이 있는 도형 □, □, □ 는 □ 이 아닙니다.

1 □ 안에 알맞은 말을 써넣으세요.

으로만 둘러싸인 도형을 ▭ 이라고 하고, ▭ 에
따라 삼각형, 사각형, 오각형 등으로 부릅니다.

이름을 뭘로
지을까?

마음대로
짓는 것이 아니라
변의 수에 따라
짓는 거야.

2 다각형의 이름을 써 보세요.

(1)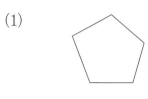

(2)

(   )   (   )

3 두 도형이 다각형이 아닌 이유를 각각 설명해 보세요.

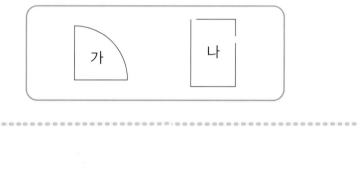

3. 다각형은 선분으로만 둘러
싸인 도형입니다.

6
단원

4 육각형은 어느 것인가요? (   )

①

②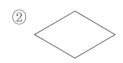

③

④

⑤

step 3 원리 척척

그림을 보고 물음에 답하세요. [1~5]

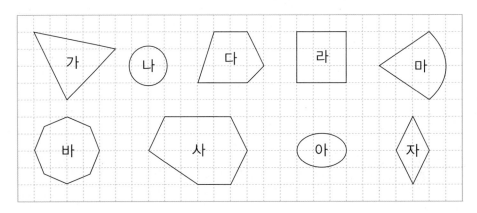

1 다각형을 모두 찾아 기호를 써 보세요.

( )

2 나, 마, 아는 다각형이 아닙니다. 그 이유를 설명해 보세요.

( )

3 사각형을 모두 찾아 기호를 써 보세요.

( )

4 오각형을 찾아 기호를 써 보세요.

( )

5 가, 바, 사 도형의 이름을 각각 써 보세요.

가 ( ), 바 ( ), 사 ( )

🍃 도형을 보고 물음에 답해 답하세요. [6~9]

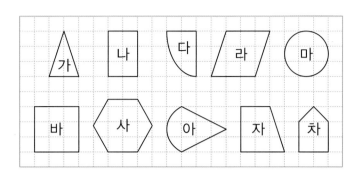

6 다각형을 모두 찾아 기호를 써 보세요.　　　　　　　　　　(　　　　　　　　　　　　)

7 사각형을 모두 찾아 기호를 써 보세요.　　　　　　　　　　(　　　　　　　　　　　　)

8 오각형을 찾아 기호를 써 보세요.　　　　　　　　　　　　(　　　　　　　　　)

9 육각형을 찾아 기호를 써 보세요.　　　　　　　　　　　　(　　　　　　　　　)

 10 다각형의 이름을 써 보세요.

(1)

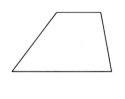

(　　　　　　　)

(2)

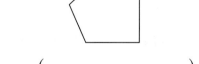

(　　　　　　　)

(3)

(　　　　　　　)

(4)

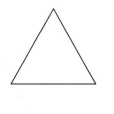

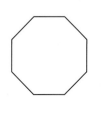

(　　　　　　　)

step 1 원리 꼼꼼

2. 정다각형 알아보기

동영상강의

🌸 정다각형 알아보기

선분으로만 둘러싸인 도형

• 변의 길이가 모두 같고 각의 크기가 모두 같은 다각형을 정다각형 이라고 합니다.

정다각형	△	□	⬠	⬡	…
변의 수	3개	4개	5개	6개	…
이름	정삼각형	정사각형	정오각형	정육각형	…

📖 정다각형이 아닌 다각형

• 변의 길이가 같지 않은 다각형
• 각의 크기가 같지 않은 다각형

예

원리 확인 1

다각형을 보고 물음에 답하세요.

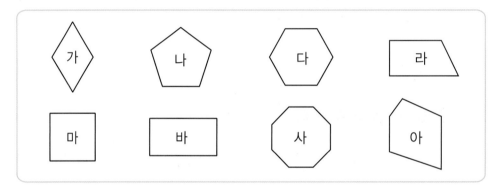

(1) 변의 길이에 따라 분류해 보세요.

변의 길이가 모두 같은 다각형	변의 길이가 모두 같지는 않은 다각형

(2) 각의 크기에 따라 분류해 보세요.

각의 크기가 모두 같은 다각형	각의 크기가 모두 같지는 않은 다각형

(3) 변의 길이와 각의 크기가 모두 같은 다각형을 찾아보면 ☐ , ☐ , ☐ , ☐ 입니다.

(4) ☐ , ☐ , ☐ , ☐ 와 같이 변의 길이와 각의 크기가 모두 같은 다각형을 ☐ 이라고 합니다.

step 2 원리 탄탄

1 □ 안에 알맞은 말을 써넣으세요.

변의 길이가 모두 같고 각의 크기가 모두 같은 다각형을 [　　　　]이라고 합니다.

 도형을 보고 물음에 답하세요. [2~5]

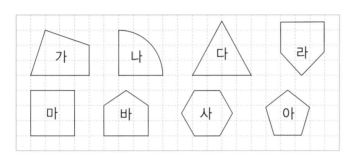

2 정다각형을 모두 찾아 기호를 써 보세요.

(　　　　　　　　　　　　)

> 2. 변의 길이가 모두 같고 각의 크기가 모두 같은 다각형을 찾습니다.

3 정사각형을 찾아 기호를 써 보세요.

(　　　　　　　　)

4 정오각형을 찾아 기호를 써 보세요.

(　　　　　　　　)

5 변이 6개인 정다각형을 찾아 기호를 쓰고, 그 이름을 써 보세요.

(　　　　　 , 　　　　　)

6 정다각형입니다. □ 안에 알맞은 수를 써넣으세요.

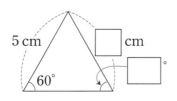

5 cm, [　] cm, 60°, [　]°

> 6. 정다각형은 변의 길이와 각의 크기가 모두 같습니다.

🍂 □ 안에 알맞은 말을 써넣으세요. [1~2]

1 변의 길이가 모두 같고 각의 크기가 모두 같은 다각형을 [   ]이라고 합니다.

2 정다각형은 변의 수에 따라 변이 3개이면 [   ], 변이 4개이면 [   ], 변이 5개이면 [   ], 변이 6개이면 [   ] 등으로 부릅니다.

🍂 그림을 보고 물음에 답하세요. [3~6]

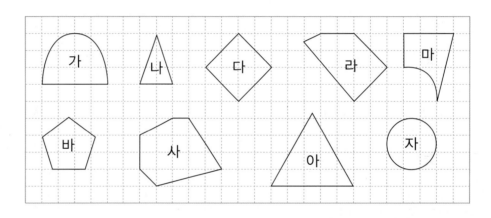

3 다각형을 모두 찾아 기호를 써 보세요.

(   )

4 정다각형을 모두 찾아 기호를 써 보세요.

(   )

5 나, 라, 사는 정다각형이 아닙니다. 그 이유를 설명해 보세요.

(   )

6 다, 바, 아 도형의 이름을 각각 써 보세요.

다 (   ), 바 (   ), 아 (   )

🍃 그림을 보고 □ 안에 알맞은 말을 써넣으세요. [7 ~ 10]

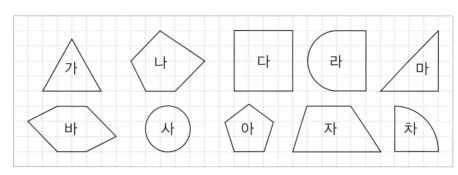

7 변의 길이와 각의 크기가 모두 같은 다각형은 □ , □ , □ 입니다.

8 세 변의 길이가 모두 같고 세 각의 크기가 모두 같은 삼각형 □ 를 □ 이라고 합니다.

9 네 변의 길이가 모두 같고 네 각의 크기가 모두 같은 사각형 □ 를 □ 이라고 합니다.

10 다섯 변의 길이가 모두 같고 다섯 각의 크기가 모두 같은 오각형 □ 를 □ 이라고 합니다.

🍃 □ 안에 알맞은 수를 써넣으세요. [11 ~ 12]

11 한 변의 길이가 8 cm인 정육각형의 둘레는 □ cm입니다.

12 정팔각형의 둘레가 72 cm일 때 정팔각형의 한 변의 길이는 □ cm입니다.

step 1 원리 꼼꼼

3. 대각선 알아보기

🍀 대각선 알아보기

다각형에서 선분 ㄱㄷ, 선분 ㄴㄹ과 같이 <u>이웃하지 않는 두 꼭짓점을 이은 선분</u>을 대각선이라고 합니다.
→ 다각형 중에서 삼각형은 대각선을 그을 수 없습니다.

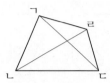

🍀 사각형에서 대각선의 성질 알아보기

• 두 대각선의 길이가 같은 사각형: 직사각형, 정사각형
• 두 대각선이 서로 수직인 사각형 마름모, 정사각형
• 한 대각선이 다른 대각선을 반으로 나누는 사각형: 평행사변형, 마름모, 직사각형, 정사각형

사다리꼴 　　　평행사변형 　　　마름모 　　　직사각형 　　　정사각형

원리 확인 **1** 도형을 보고 물음에 답하세요.

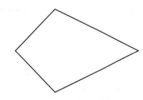

(1) 다각형에서 이웃하지 않는 두 꼭짓점을 선분으로 모두 이어 보세요.

(2) (1)에서 이은 선분을 무엇이라고 하나요?

(　　　　　　　　)

원리 확인 **2** 도형을 보고 물음에 답하세요.

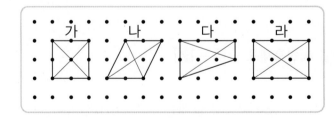

(1) 두 대각선의 길이가 같은 것을 모두 찾아 기호를 써 보세요.

(　　　　　　　　)

(2) 두 대각선이 서로 수직인 것을 찾아 기호를 써 보세요.

(　　　　　　　　)

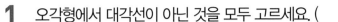
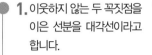
1 오각형에서 대각선이 <u>아닌</u> 것을 모두 고르세요. (   )

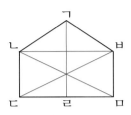

① 선분 ㄱㄴ   ② 선분 ㄱㄹ   ③ 선분 ㄴㅂ
④ 선분 ㄴㅁ   ⑤ 선분 ㄷㅂ

1. 이웃하지 않는 두 꼭짓점을 이은 선분을 대각선이라고 합니다.

2 다각형에 대각선을 모두 그어 보세요.

(1)

(2)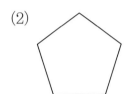

3 한 꼭짓점에서 그을 수 있는 대각선은 몇 개인지 구해 보세요.

(1)

(2)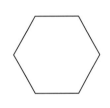

(   )   (   )

3. 전체 대각선의 수가 아니라 한 꼭짓점에서 그을 수 있는 대각선의 수를 구합니다.

4 마름모를 보고 옳은 것에는 ○표, 틀린 것에는 ×표 하세요.

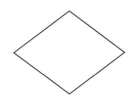

(1) 마름모의 두 대각선의 길이는 같습니다. (   )

(2) 마름모의 두 대각선은 서로 수직입니다. (   )

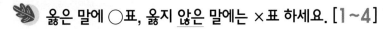

옳은 말에 ○표, 옳지 않은 말에는 ×표 하세요. [1~4]

1 직사각형의 두 대각선의 길이는 같습니다.　　　　（　　　）

2 직사각형의 두 대각선은 항상 직각으로 만납니다.　　（　　　）

3 평행사변형의 두 대각선의 길이는 같습니다.　　　（　　　）

4 마름모의 두 대각선은 항상 직각으로 만납니다.　　（　　　）

도형에 그을 수 있는 대각선은 모두 몇 개인지 알아보세요. [5~10]

5

（　　　　）

6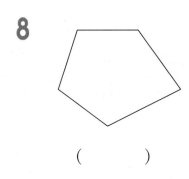

（　　　　）

7

（　　　　）

8

（　　　　）

9

（　　　　）

10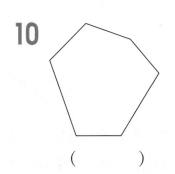

（　　　　）

그림을 보고 물음에 답하세요. [11 ~ 15]

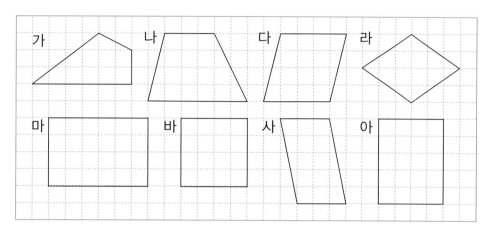

11 두 대각선의 길이가 같은 사각형을 모두 찾아 기호를 써 보세요.

( )

12 두 대각선이 서로 수직인 사각형을 모두 찾아 기호를 써 보세요.

( )

6
단원

13 한 대각선이 다른 대각선을 반으로 나누는 사각형을 모두 찾아 기호를 써 보세요.

( )

14 두 대각선이 서로 수직이고 대각선의 길이가 같은 사각형을 찾아 기호를 써 보세요.

( )

15 두 대각선이 서로 수직이고 한 대각선이 다른 대각선을 반으로 나누는 사각형을 모두 찾아 기호를 써 보세요.

( )

16 대각선을 그을 수 <u>없는</u> 도형을 모두 고르세요. ( )

① 원 　　　　　② 사각형 　　　　　③ 삼각형
④ 오각형 　　　　　⑤ 육각형

🍀 모양 만들기와 모양 채우기

모양 조각으로 여러 가지 모양을 만들거나 몇 가지 모양 조각을 사용하여 주어진 모양을 채울 수 있습니다.

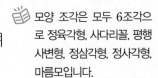
모양 조각은 모두 6조각으로 정육각형, 사다리꼴, 평행사변형, 정삼각형, 정사각형, 마름모입니다.

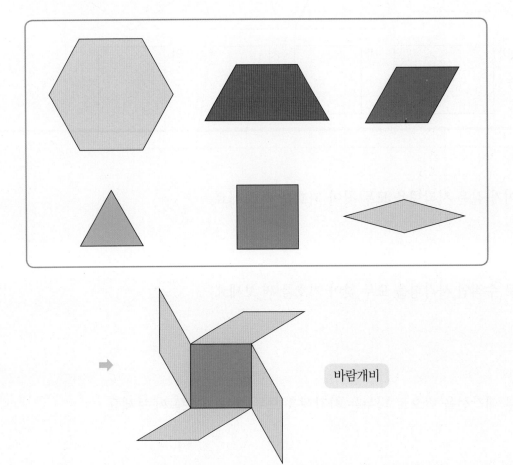

바람개비

원리 확인 1 모양 조각 3개를 사용하여 다음 도형을 만들려고 합니다. 모양 조각을 어떻게 놓아야 할지 선을 그어 나타내 보세요.

(1)
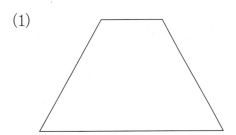

(2)
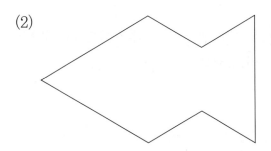

기본 문제를 통해 개념과 원리를 다져요.

1 왼쪽 사각형 모양 조각으로 오른쪽 도형을 겹치지 않게 빈틈없이 덮어 보세요.

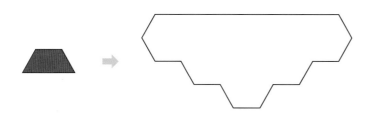

겹치거나 빈틈이 생기지 않도록 덮어 보세요.

2 오른쪽 도형을 겹치지 않게 빈틈없이 덮을 수 있는 모양이 <u>아닌</u> 것은 어느 것인가요?

(   )

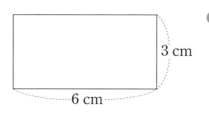

2. 각각의 모양을 옮기기, 뒤집기, 돌리기 하여 빈틈없이 도형을 덮어 봅니다.

① 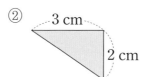 1 cm / 2 cm

② 3 cm / 2 cm

③ 1.5 cm

④ 1 cm / 1 cm

⑤ 1 cm / 2 cm / 2 cm

3 평면을 겹치지 않게 빈틈없이 덮을 수 <u>없는</u> 도형은 어느 것인가요?

(   )

① 정삼각형   ② 직사각형   ③ 마름모

④ 원   ⑤ 평행사변형

4 색종이를 한 변이 2 cm인 정사각형 모양으로 여러 장 오려 가로가 20 cm, 세로가 12 cm인 직사각형을 겹치지 않게 빈틈없이 덮으려고 합니다. 정사각형 모양의 색종이는 몇 장이 필요한가요?

(   )

1 모양 조각을 사용하여 여러 가지 방법으로 정육각형을 만들려고 합니다. 모양 조각을 어떻게 놓아야 할지 선을 그어 나타내 보세요.

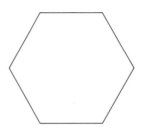

방법 1	방법 2	방법 3

2 모양 조각을 사용하여 오른쪽 모양을 만들려고 합니다. 모양 조각을 어떻게 놓아야 할지 선을 그어 나타내 보세요.

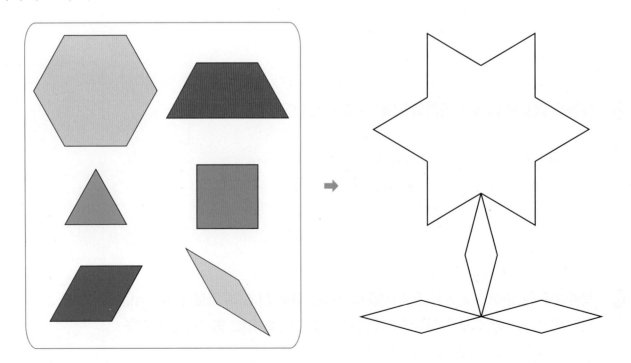

🍃 모양 조각을 사용하여 다음 모양을 만들려고 합니다. 모양 조각을 어떻게 놓아야 할지 선을 그어 나타내 보세요. [3~6]

3

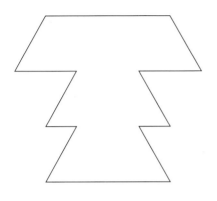

4

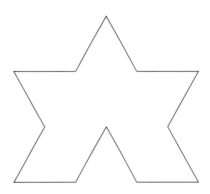

5

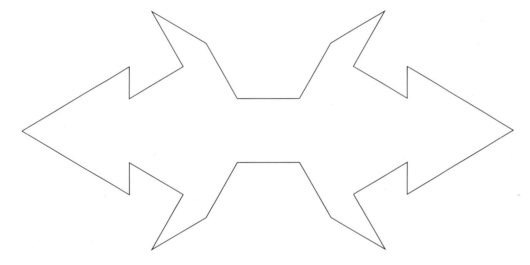

6

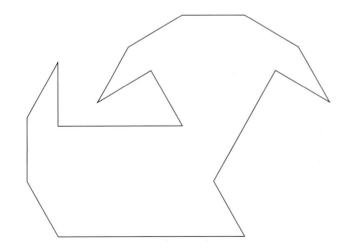

01 다각형을 모두 찾아 기호를 써 보세요.

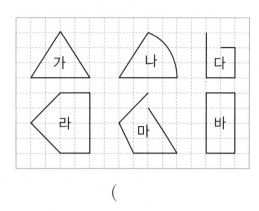

( )

02 위 **01**의 도형 중에서 변의 수가 가장 많은 다각형을 찾아 기호를 쓰고 그 이름을 써 보세요.

(,)

03 다음 도형은 다각형이 아닙니다. 그 이유를 설명해 보세요.

이유 _____

_____

04 10개의 선분으로 둘러싸인 다각형의 이름은 무엇인가요?

( )

05 정다각형을 모두 찾아 기호를 써 보세요.

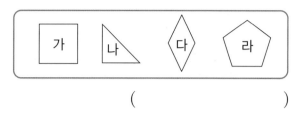

( )

06 도형을 보고 바르게 말한 사람은 누구인가요?

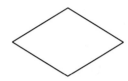

상연 : 변의 길이가 모두 같으므로 정다각형이야.

가영 : 각의 크기가 모두 같지는 않으니까 정다각형이 아니야.

( )

07 정육각형의 모든 변의 길이의 합은 몇 cm인가요?

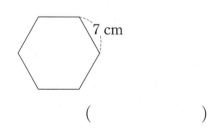

7 cm

( )

08 정오각형의 한 각의 크기는 108°입니다. 정오각형의 모든 각의 크기의 합은 몇 도인가요?

( )

09 대각선을 모두 그어 보세요.

(1)

(2)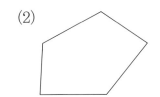

10 육각형을 보고 물음에 답하세요.

(1) 육각형에 대각선을 모두 그어 보세요.

(2) 육각형에서 그을 수 있는 대각선은 모두 몇 개인가요?

(   )

11 대각선을 그을 수 <u>없는</u> 도형을 모두 찾아 기호를 써 보세요.

> ㉠ 정삼각형   ㉡ 칠각형
> ㉢ 정십이각형   ㉣ 원

(   )

12 대각선에 대한 설명이 바르면 ○표, 틀리면 ×표 하세요.

(1) 직사각형의 두 대각선의 길이는 서로 다릅니다. (   )

(2) 마름모의 두 대각선은 서로 수직으로 만납니다. (   )

(3) 정사각형은 두 대각선의 길이가 같고 서로 수직으로 만납니다. (   )

 다음 모양 조각을 보고 물음에 답하세요.

[13~15]

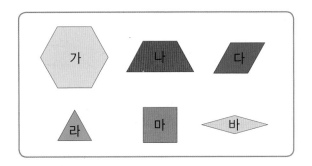

13 2개의 모양 조각을 사용하여 오각형을 만들어 보세요.

14 똑같은 모양 조각 3개를 사용하여 가와 같은 모양을 만들려고 합니다. 어떤 모양조각을 사용해야 하나요?

(   )

15 2개의 모양 조각을 사용하여 나와 같은 모양을 만들려고 합니다. 어떤 모양 조각을 사용해야 하는지 기호를 써 보세요.

(   )

16 작은 정삼각형으로 오른쪽 별 모양을 겹쳐지지 않게 빈틈없이 덮으려고 합니다. 작은 정삼각형은 몇 장이 필요한가요?

(   )

6 단원

🌿 도형을 보고 물음에 답하세요. [01~04]

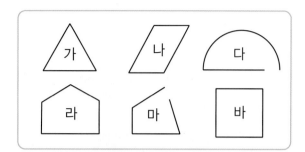

01 다각형을 모두 찾아 기호를 써 보세요.

( )

02 정다각형을 모두 찾아 기호를 써 보세요.

( )

03 다각형 라의 이름을 써 보세요.

( )

04 도형 다와 마는 다각형이 아닙니다. 그 이유를 설명해 보세요.

이유 _____

_____

05 변의 길이와 각의 크기가 모두 같은 다각형 중에서 변이 8개인 다각형의 이름은 무엇인가요?

( )

06 정다각형입니다. □ 안에 알맞은 수를 써넣으세요.

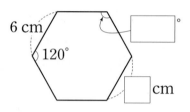

07 한 변이 8 cm이고, 모든 변의 길이의 합이 72 cm인 정다각형이 있습니다. 이 정다각형의 이름을 써 보세요.

( )

08 오른쪽 육각형에서 대각선은 어느 것인가요?

( )

① 선분 ㄱㄹ   ② 선분 ㅇㅂ
③ 선분 ㄷㅁ   ④ 선분 ㄴㅂ
⑤ 선분 ㄹㅇ

09 팔각형의 한 꼭짓점에서 그을 수 있는 대각선은 몇 개인가요?

(   )

10 대각선의 길이가 모두 같은 도형은 어느 것인가요? (   )

① 정삼각형   ② 정오각형
③ 정육각형   ④ 정팔각형
⑤ 정십각형

11 대각선의 수가 가장 많은 도형부터 차례대로 기호를 써 보세요.

┌─────────────────────────────┐
│ ㉠ 삼각형   ㉡ 육각형   ㉢ 구각형 │
└─────────────────────────────┘

(   )

12 두 대각선의 길이가 같고 서로 수직으로 만나는 사각형을 찾아 기호를 써 보세요.

┌─────────────────────────────┐
│ ㉠ 마름모   ㉡ 직사각형 │
│ ㉢ 평행사변형   ㉣ 정사각형 │
└─────────────────────────────┘

(   )

13 평행사변형입니다. 두 대각선의 길이의 합은 몇 cm인가요?

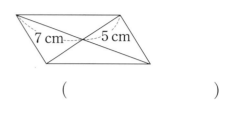

(   )

사각형을 보고 물음에 답하세요. [14~15]

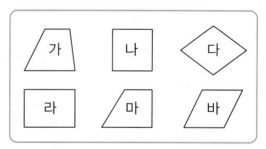

14 두 대각선의 길이가 같은 사각형을 모두 찾아 기호를 써 보세요.

(   )

15 한 대각선이 다른 대각선을 반으로 나누는 사각형을 모두 찾아 기호를 써 보세요.

(   )

6 단원

16 밑변의 길이와 높이가 모두 2 cm인 직각삼각형으로 밑변의 길이와 높이가 6 cm인 직각삼각형을 빈틈없이 덮으려고 합니다. 직각삼각형은 몇 개가 필요한가요?

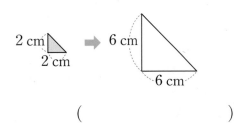

(   )

17 정육각형을 겹치지 않게 빈틈없이 채울 수 없는 모양 조각을 찾아 기호를 써 보세요.

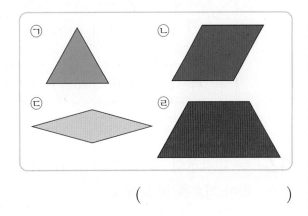

(   )

18 다음 도형은 정다각형이 아닙니다. 그 이유를 설명해 보세요.

이유 _____

_____

19 모양 조각을 사용하여 서로 다른 방법으로 정삼각형을 만들려고 합니다. 모양 조각을 어떻게 놓아야 할지 선을 그어 나타내 보세요.

(1)

(2)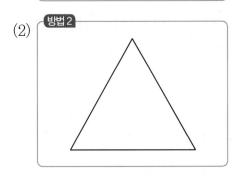

20 모든 변의 길이의 합이 84 cm인 정육각형이 있습니다. 이 정육각형의 한 변의 길이는 몇 cm인지 풀이 과정을 쓰고 답을 구해 보세요.

_____

_____

_____

_____

답 _____

MEMO

MEMO

개념과 원리를 다지고
계산력을 키우는

왕수학

개념+연산

정답과 풀이

4-2

(주)에듀왕

정답과 풀이

4-2

1. 분수의 덧셈과 뺄셈

step ① 원리 꼼꼼

6쪽

원리 확인 ① (1)

(2) 6칸 (3) $1\frac{2}{4}$

원리 확인 ② 7, 1, 2

1 (3) $\frac{3}{4}+\frac{3}{4}$ 은 $\frac{1}{4}$ 이 6칸이므로 $\frac{6}{4}$ 이고 대분수로 고치면 $1\frac{2}{4}$ 입니다.

2 $\frac{1}{5}$ 이 $4+3=7$(칸) 색칠되어 있으므로 $\frac{7}{5}$ 이고 이것은 $1\frac{2}{5}$ 로 나타냅니다.

step ② 원리 탄탄

7쪽

1 4, 2, 1, 1   **2** $1\frac{1}{7}$

3 8, 11, 19, $\frac{19}{15}$, $1\frac{4}{15}$

4 (1) $\frac{8}{9}$ (2) $1\frac{3}{14}$

5 $\frac{9}{10}$ km

5 $\frac{6}{10}+\frac{3}{10}=\frac{9}{10}$(km)

step ③ 원리 척척

8~9쪽

1 $\frac{4}{5}$ **2** $\frac{4}{6}$

3 $\frac{5}{7}$ **4** $\frac{5}{7}$

5 $\frac{7}{8}$ **6** $\frac{7}{8}$

7 $\frac{7}{9}$ **8** $\frac{7}{10}$

9 $\frac{10}{11}$ **10** $\frac{8}{12}$

11 $\frac{11}{13}$ **12** $\frac{9}{15}$

13 $\frac{15}{17}$ **14** $\frac{13}{17}$

15 $1\frac{2}{4}$ **16** $1\frac{1}{5}$

17 $1\frac{1}{6}$ **18** $1\frac{3}{6}$

19 $1\frac{4}{7}$ **20** $1\frac{2}{8}$

21 $1\frac{1}{9}$ **22** $1\frac{4}{9}$

23 $1\frac{5}{10}$ **24** $1\frac{3}{11}$

25 $1\frac{2}{11}$ **26** $1\frac{4}{13}$

27 $1\frac{2}{14}$ **28** $1\frac{5}{15}$

step ① 원리 꼼꼼

10쪽

원리 확인 ① (1) 풀이 참조   (2) 4칸

(3) $\frac{4}{10}$

원리 확인 ② 3, $2\frac{1}{3}$

1 (1)

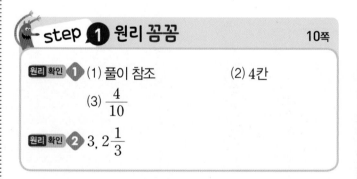

(3) $\frac{7}{10}-\frac{3}{10}$ 은 $\frac{1}{10}$ 이 4칸이므로 $\frac{4}{10}$ 입니다.

2 원 1개를 3등분하여 자연수 3을 자연수 2와 분모가 3인 분수 $\frac{3}{3}$ 으로 나타낸 후 $\frac{2}{3}$ 만큼 지우면 $2\frac{1}{3}$ 이 남습니다.

step 2 원리탄탄 11쪽

1 5, 5, 3
2 5, 4, 1, 1
3 (1) 9, 4, 5
3 (2) 1, 8, $3\frac{5}{8}$
4 (1) $\frac{4}{13}$
4 (2) $4\frac{3}{5}$

1 $\frac{1}{9}$만큼 8칸 갔다가 5칸 되돌아와서 $8-5=3$(칸)
이 되었으므로 $\frac{8}{9}-\frac{5}{9}=\frac{3}{9}$ 입니다.

4 (1) $\frac{11}{13}-\frac{7}{13}=\frac{11-7}{13}=\frac{4}{13}$
(2) $5-\frac{2}{5}=(4+1)-\frac{2}{5}=4+\frac{5}{5}-\frac{2}{5}=4\frac{3}{5}$

step 3 원리척척 12~13쪽

1 $\frac{2}{5}$
2 $\frac{1}{6}$
3 $\frac{2}{7}$
4 $\frac{5}{8}$
5 $\frac{1}{9}$
6 $\frac{2}{10}$
7 $\frac{5}{10}$
8 $\frac{5}{11}$
9 $\frac{3}{11}$
10 $\frac{2}{12}$
11 $\frac{5}{13}$
12 $\frac{6}{13}$
13 $\frac{5}{14}$
14 $\frac{4}{15}$
15 $\frac{1}{2}$
16 $1\frac{1}{4}$
17 $2\frac{4}{5}$
18 $2\frac{1}{6}$
19 $3\frac{4}{7}$
20 $4\frac{3}{8}$
21 $5\frac{1}{9}$
22 $4\frac{3}{9}$
23 $2\frac{6}{10}$
24 $3\frac{8}{10}$
25 $6\frac{3}{13}$
26 $7\frac{1}{12}$
27 $7\frac{5}{12}$
28 $8\frac{1}{13}$

step 1 원리꼼꼼 14쪽

원리확인 **1** (1)

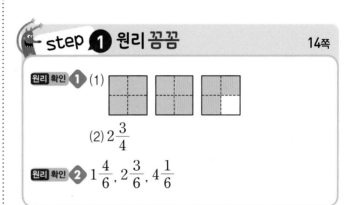

(2) $2\frac{3}{4}$

원리확인 **2** $1\frac{4}{6}$, $2\frac{3}{6}$, $4\frac{1}{6}$

1 (2) $1\frac{2}{4}+1\frac{1}{4}$ 은 사각형 2개와 사각형 1개의 $\frac{3}{4}$이
색칠되었으므로 $2\frac{3}{4}$ 입니다.

2 1을 6칸으로 나누었으므로 작은 눈금 한 칸의 크기
는 $\frac{1}{6}$ 입니다.

step 2 원리탄탄 15쪽

1 2, 3, 1, 3, 4, 2
2 (1) 1, 2, 2, 3 / 3, 5, 3, 5
(2) 4, 2, 3, 3 / 6, 6, 6, 1, 1, $7\frac{1}{5}$
3 $2\frac{6}{7}+3\frac{2}{7}=\frac{20}{7}+\frac{23}{7}=\frac{43}{7}=6\frac{1}{7}$
4 (1) $5\frac{6}{8}$
(2) $4\frac{2}{11}$

1 $2\frac{3}{4}+1\frac{3}{4}$ 은 완전히 색칠된 도형 4개와 도형 1개
의 $\frac{2}{4}$ 가 색칠되어 있으므로 $4\frac{2}{4}$ 입니다.

4 $(1)\ 3\dfrac{5}{8}+2\dfrac{1}{8}=(3+2)+\left(\dfrac{5}{8}+\dfrac{1}{8}\right)$

$\qquad\qquad =5+\dfrac{6}{8}=5\dfrac{6}{8}$

$\quad (2)\ 2\dfrac{7}{11}+1\dfrac{6}{11}=(2+1)+\left(\dfrac{7}{11}+\dfrac{6}{11}\right)$

$\qquad\qquad =3+\dfrac{13}{11}=3+1\dfrac{2}{11}=4\dfrac{2}{11}$

step ❶ 원리 꼼꼼　　　　18쪽

원리 확인 ❶ (1) 풀이 참조　　　　(2) 14, 2, 2

　　　　　(3) 3, 2, 2, 2, 2

원리 확인 ❷ 24, 18, 6, 1, 1

1 (1)

step ❸ 원리 척척　　　　16~17쪽

1 $3\dfrac{2}{3}$	**2** $5\dfrac{3}{4}$
3 $6\dfrac{3}{5}$	**4** $6\dfrac{6}{7}$
5 $8\dfrac{7}{8}$	**6** $8\dfrac{7}{9}$
7 $2\dfrac{7}{9}$	**8** $3\dfrac{8}{10}$
9 $4\dfrac{6}{11}$	**10** $6\dfrac{9}{11}$
11 $4\dfrac{11}{13}$	**12** $4\dfrac{12}{13}$
13 $5\dfrac{13}{15}$	**14** $3\dfrac{12}{16}$
15 $4\dfrac{1}{3}$	**16** $5\dfrac{1}{4}$
17 $5\dfrac{2}{5}$	**18** $6\dfrac{4}{6}$
19 $7\dfrac{3}{6}$	**20** $6\dfrac{1}{7}$
21 $8\dfrac{2}{9}$	**22** $7\dfrac{6}{9}$
23 $9\dfrac{5}{10}$	**24** $7\dfrac{6}{11}$
25 $6\dfrac{2}{12}$	**26** $8\dfrac{3}{13}$
27 $9\dfrac{7}{15}$	**28** $10\dfrac{8}{15}$

step ❷ 원리 탄탄　　　　19쪽

1 3, 3, 1, 5, $1\dfrac{4}{6}$

2 (1) 2, 1, 5, 3 / 1, 2, 1, 2

　　(2) 29, 11, 18, 3, 3

3 $4\dfrac{2}{7}$　　　　　**4** $3\dfrac{3}{8}$

3 $6\dfrac{5}{7}-2\dfrac{3}{7}=(6-2)+\left(\dfrac{5}{7}-\dfrac{3}{7}\right)$

$\qquad\qquad =4+\dfrac{2}{7}=4\dfrac{2}{7}$

4 $\square=7\dfrac{5}{8}-4\dfrac{2}{8}=3\dfrac{3}{8}$

step ❸ 원리 척척　　　　20~21쪽

1 3, 1, 3, 2, 2, 1, $2\dfrac{1}{4}$　**2** 5, 2, 4, 3, 3, 1, $3\dfrac{1}{5}$

3 8, 3, 5, 4, 5, 1, $5\dfrac{1}{6}$　**4** 9, 5, 7, 3, 4, 4, $4\dfrac{4}{9}$

5 14, 9, 5, $1\dfrac{1}{4}$　　　**6** 40, 24, 16, $2\dfrac{2}{7}$

7 62, 20, 42, $5\dfrac{2}{8}$　　**8** 87, 47, 40, $4\dfrac{4}{9}$

9 $1\dfrac{3}{5}$　　　　　　**10** $2\dfrac{1}{6}$

11 $2\frac{1}{7}$　　　　**12** $1\frac{4}{8}$

13 $3\frac{4}{9}$　　　　**14** $3\frac{5}{9}$

15 $2\frac{2}{10}$　　　**16** $3\frac{1}{10}$

17 $2\frac{3}{5}$　　　　**18** $2\frac{2}{6}$

19 $4\frac{3}{8}$　　　　**20** $4\frac{5}{9}$

21 $5\frac{3}{7}$　　　　**22** $4\frac{2}{4}$

23 $6\frac{4}{10}$　　　**24** $8\frac{5}{9}$

step ❶ 원리꼼꼼　　　　　**22쪽**

원리 확인 ❶ 5, 3, 5, 3, 1, 2, 1, 2

step ❷ 원리탄탄　　　　　**23쪽**

1 (1) 7, 3, 1, 7, 5, 2, 2, $2\frac{2}{7}$

　　(2) 28, 12, 16, $2\frac{2}{7}$

2 $2\frac{2}{5}, 3\frac{1}{6}$　　　　**3** $<$

4 $5\frac{4}{7}$

2 $5-2\frac{3}{5}=4\frac{5}{5}-2\frac{3}{5}=2\frac{2}{5}$

　　$7-3\frac{5}{6}=6\frac{6}{6}-3\frac{5}{6}=3\frac{1}{6}$

3 $6-4\frac{5}{7}=5\frac{7}{7}-4\frac{5}{7}=1\frac{2}{7}$

　　$7-5\frac{4}{7}=6\frac{7}{7}-5\frac{4}{7}=1\frac{3}{7}$

4 $\square+2\frac{3}{7}=8 \Rightarrow \square=8-2\frac{3}{7}$

$\square=7\frac{7}{7}-2\frac{3}{7}=5\frac{4}{7}$

step ❸ 원리척척　　　　　**24~25쪽**

1 3, 4, 2, 3, 2, 2, 1, $2\frac{1}{3}$

2 4, 5, 4, 4, 1, 1, 3, $1\frac{3}{4}$

3 5, 6, 3, 5, 3, 3, 2, $3\frac{2}{5}$

4 7, 7, 5, 7, 4, 2, 3, $2\frac{3}{7}$

5 72, 37, 35, $4\frac{3}{8}$　　**6** 54, 13, 41, $4\frac{5}{9}$

7 56, 19, 37, $4\frac{5}{8}$　　**8** 60, 35, 25, $4\frac{1}{6}$

9 $2\frac{6}{15}$　　　　**10** $3\frac{1}{7}$

11 $\frac{3}{11}$　　　　**12** $5\frac{3}{7}$

13 $4\frac{3}{7}$　　　　**14** $2\frac{1}{12}$

15 $4\frac{1}{5}$　　　　**16** $4\frac{1}{6}$

17 $3\frac{1}{4}$　　　　**18** $6\frac{4}{7}$

19 $1\frac{4}{6}$　　　　**20** $7\frac{4}{9}$

21 $2\frac{2}{9}$　　　　**22** $1\frac{7}{12}$

23 $2\frac{3}{10}$　　　**24** $8\frac{5}{9}$

step ❶ 원리꼼꼼　　　　　**26쪽**

원리 확인 ❶ 7, 4, 2, 7, 3, 2, 4, 2, 4

step 2 원리탄탄

1 (1) 4, 5, 3, 4, 2, 2, 2, $2\frac{2}{3}$

  (2) 19, 11, 8, 2, 2

2 풀이 참조　　　**3** ㉢

4 $2\frac{3}{5}$

2 $7\frac{4}{9}-5\frac{7}{9}=6\frac{13}{9}-5\frac{7}{9}$

  $=(6-5)+\left(\frac{13}{9}-\frac{7}{9}\right)$

  $=1+\frac{6}{9}=1\frac{6}{9}$

3 ㉠ $4\frac{5}{8}-1\frac{7}{8}=2\frac{6}{8}$

  ㉡ $7\frac{3}{8}-4\frac{6}{8}=2\frac{5}{8}$

  ㉢ $6\frac{1}{8}-1\frac{5}{8}=4\frac{4}{8}$

4 $6\frac{1}{5}-3\frac{3}{5}=5\frac{6}{5}-3\frac{3}{5}=2\frac{3}{5}$

step 3 원리척척

1 6, 6, 6, 6, 3, 3, $3\frac{3}{4}$　　**2** 5, 8, 5, 8, 3, 4, $3\frac{4}{5}$

3 7, 11, 7, 3, $\frac{11}{9}$, $\frac{7}{9}$, 4, $\frac{4}{9}$, $4\frac{4}{9}$

4 25, 17, 8, $1\frac{2}{6}$　　**5** 66, 20, 46, $6\frac{4}{7}$

6 $\frac{67}{8}$, $\frac{37}{8}$, $\frac{30}{8}$, $3\frac{6}{8}$

7 $1\frac{3}{4}$　　　　　　**8** $2\frac{3}{5}$

9 $1\frac{4}{6}$　　　　　　**10** $3\frac{3}{7}$

11 $1\frac{6}{8}$　　　　　　**12** $\frac{5}{9}$

13 $2\frac{5}{10}$　　　　　　**14** $2\frac{3}{11}$

15 $1\frac{8}{13}$　　　　　　**16** $\frac{11}{14}$

17 $4\frac{10}{15}$　　　　　　**18** $3\frac{11}{16}$

19 $2\frac{12}{17}$　　　　　　**20** $2\frac{15}{17}$

step 4 유형콕콕

01 (1) $\frac{6}{7}$　　　　　(2) $1\frac{2}{9}$

  (3) $1\frac{3}{11}$　　　　(4) 1

02 $\frac{7}{16}$, $\frac{15}{16}$, $\frac{13}{16}$, $1\frac{5}{16}$

03 ㉡　　　　　**04** $1\frac{9}{16}$ km

05 (1) $\frac{4}{7}$　　　　　(2) $\frac{2}{9}$

  (3) $2\frac{2}{5}$　　　　(4) $4\frac{3}{10}$

06 $\frac{4}{13}$, $\frac{6}{13}$, $\frac{3}{13}$, $\frac{5}{13}$

07 ㉣, ㉠, ㉡, ㉢　　**08** 학교, $\frac{2}{8}$ km

09 (1) $3\frac{3}{5}$　　　　　(2) $7\frac{4}{7}$

  (3) $5\frac{1}{11}$　　　　(4) $7\frac{3}{13}$

10 <　　　　　**11** $6\frac{8}{19}$

12 $16\frac{3}{10}$ kg

13 (1) $1\frac{4}{5}$　　　　　(2) $2\frac{5}{9}$

  (3) $2\frac{8}{13}$　　　　(4) $6\frac{3}{7}$

14 ✕　　　　　**15** $5\frac{3}{5}$ m

16 $7\frac{6}{8}$ L

03 ㉠ $1\frac{2}{12}$ ㉡ $1\frac{5}{12}$ ㉢ 1 ㉣ $\frac{10}{12}$

07 ㉠ $4\frac{7}{10}$ ㉡ $4\frac{3}{10}$ ㉢ $3\frac{2}{3}$ ㉣ $5\frac{3}{8}$

10 $2\frac{8}{15}+1\frac{11}{15}=4\frac{4}{15}$ $\bigcirc$ $3\frac{7}{15}+1\frac{4}{15}=4\frac{11}{15}$

11 $3\frac{12}{19}+2\frac{15}{19}=6\frac{8}{19}$

15 $9\frac{2}{5}-3\frac{4}{5}=5\frac{3}{5}$ (m)

16 $10\frac{5}{8}-2\frac{7}{8}=7\frac{6}{8}$ (L)

---

17 <   **18** $8\frac{2}{7}, 4\frac{3}{7}$

19 ㉠   **20** 3

11 $1\frac{6}{7}+3\frac{4}{7}=4+\frac{10}{7}=4+1\frac{3}{7}=5\frac{3}{7}$

12 $2\frac{8}{11}+3\frac{7}{11}=6\frac{4}{11}$, $5\frac{10}{11}+3\frac{7}{11}=9\frac{6}{11}$

14 ㉠ $4\frac{11}{13}$ ㉡ $4\frac{7}{13}$ ㉢ $4\frac{5}{13}$

15 $6\frac{6}{14}-3\frac{8}{14}=5\frac{20}{14}-3\frac{8}{14}=2\frac{12}{14}$

16 $7-2\frac{7}{9}=4\frac{2}{9}$, $6\frac{5}{9}-2\frac{7}{9}=3\frac{7}{9}$

17 $2\frac{5}{8}+3\frac{6}{8}=6\frac{3}{8}$, $9\frac{3}{8}-2\frac{7}{8}=6\frac{4}{8}$

19 ㉠ $\frac{2}{17}$ ㉡ $\frac{8}{17}$ ㉢ $\frac{12}{17}$

20 $5\frac{\square}{8}=2\frac{4}{8}+2\frac{7}{8}=5\frac{3}{8}$

$\square=3$

🐰 단원평가

32~34쪽

01 (1) 2, 4, 6   (2) 6, 7, 13, 1, 4

02 (1) $\frac{7}{8}$ (2) $\frac{6}{7}$

03 (1) 4, 3, 1   (2) 3, 7, 6, 3, 1

04 (1) $\frac{2}{10}$ (2) $3\frac{3}{15}$

05 2, 1, 1, 2, 3, 3

06 (1) 2, 1, 1, 3 / 3, 4, 3, 4
     (2) 10, 23 / 33, 5, 3

07 (1) $9\frac{8}{10}$ (2) $5\frac{2}{14}$

08 (1) 3, 1, 4, 1 / 2, 3, 2, 3
     (2) 8, 13, 5, 2 / 3, 11

09 (1) 3, 11, 6 / 1, 5, 1, 5
     (2) 34, 21 / 13, 1, 5

10 (1) $5\frac{2}{11}$ (2) $3\frac{2}{8}$

11 $5\frac{3}{7}$ **12** $6\frac{4}{11}, 9\frac{6}{11}$

13 ⤬   **14** ㉠

            15 $2\frac{12}{14}$

            16 $4\frac{2}{9}, 3\frac{7}{9}$

2. 삼각형

step 1 원리 꼼꼼 36쪽

원리확인 1 (1) 나, 다, 다
(2) 이등변삼각형, 정삼각형
(3) 있습니다   (4) 없습니다

step 2 원리 탄탄 37쪽

1 가, 나, 다, 라, 마   2 나, 마
3 ㉠, ㉢
4 (1) 9   (2) 12
5 (1) 8   (2) 6, 6

3 두 변의 길이가 같은 삼각형은 ㉠, ㉢입니다.

4 이등변삼각형은 두 변의 길이가 같습니다.

5 정삼각형은 세 변의 길이가 같습니다.

step 3 원리 척척 38~39쪽

1 가, 다, 마
2 나, 라, 바, 사, 아, 이등변삼각형
3 바, 아, 정삼각형   4 바, 아
5 나, 라, 사   6 이등변삼각형
7 정삼각형   8 이등변삼각형
9 정삼각형   10 3, 4
11 6   12 5, 6

step 1 원리 꼼꼼 40쪽

원리확인 1 (1) 2, 2.5, 3   (2) 3.5, 2, 3
(3) 5, 3, 3   (4) 다
원리확인 2 (1) 70, 70, 40   (2) 2
(3) 두

step 2 원리 탄탄 41쪽

1 (1) 변 ㄱㄴ, 변 ㄱㄷ   (2) 이등변삼각형
2 나, 다
3 예

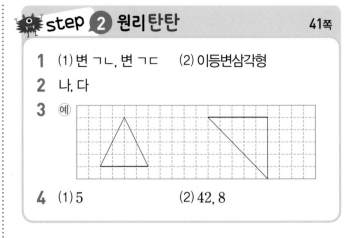

4 (1) 5   (2) 42, 8

3 한 변이 각각 4칸, 5칸이므로 다른 한 변도 4칸, 5칸이 되게 삼각형을 그립니다. 또는 다른 두 변의 길이가 같게 하여 그릴 수도 있습니다.

4 이등변삼각형은 두 변의 길이와 두 각의 크기가 각각 같습니다.

step 3 원리 척척 42~43쪽

1 나, 라   2 가, 라
3 가, 나   4 9
5 6   6 7
7 9   8 30
9 65   10 40
11 70   12 65
13 55   14 30, 30
15 75, 30
16 예

step 1 원리 꼼꼼 44쪽

원리확인 1 (1) 2.5, 2.5, 3   (2) 2.5, 2.5, 2.5
(3) 1.5, 2.5, 2   (4) 나
원리확인 2 (1) 3, 정삼각형   (2) 60

step ② 원리탄탄 45쪽

1 정삼각형   **2** 정삼각형
3 가, 라
4
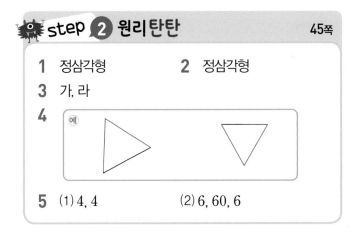
5 (1) 4, 4   (2) 6, 60, 6

3 정삼각형은 세 변의 길이가 같은 삼각형이므로 가, 라는 정삼각형입니다.

4 정삼각형의 세 변의 길이는 같으므로 주어진 한 변의 길이와 같게 두 변을 더 그립니다. 이때 컴퍼스를 이용하면 편리합니다.

5 (1) 세 변의 길이가 각각 4 cm인 정삼각형입니다.
　 (2) 세 변의 길이가 각각 6 cm인 정삼각형입니다.
　　 세 각의 크기가 같으므로 $180° \div 3 = 60°$입니다.

step ③ 원리척척 46~47쪽

1 나, 라   **2** 다, 라
3 가, 다   **4** 12
5 6, 6   **6** 8
7 3, 3   **8** 60, 7
9 60, 60   **10** 4, 4
11 5, 60, 5   **12** 60, 9
13 60, 60, 8   **14** 11, 11
15 60, 60

step ① 원리꼼꼼 48쪽

원리 확인 **1** 예각, 예각삼각형, 둔각, 둔각삼각형
원리 확인 **2** (1) 예각   (2) 가, 마
　　　　　 (3) 둔각   (4) 나, 라

step ② 원리탄탄 49쪽

1 다, 라
2 (○)(　　)(　　)
3 ㉡, ㉢   **4** 8개

4
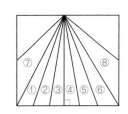
삼각형 1개짜리: ①, ②, ⑤, ⑥, ⑦, ⑧ ➡ 6개
삼각형 2개짜리: ①+②, ⑤+⑥ ➡ 2개
➡ 6+2=8(개)

step ③ 원리척척 50~51쪽

1 예   **2** 둔
3 둔   **4** 예
5 둔   **6** 예
7 나, 마 / 가, 라
8 예각삼각형: 예
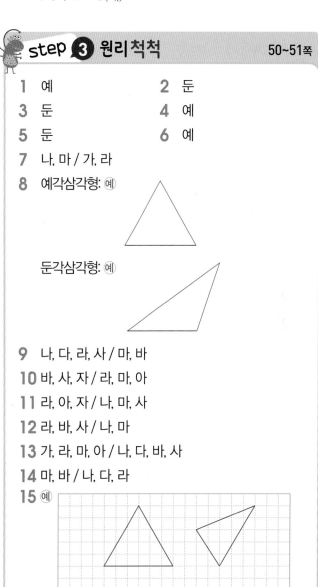

　 둔각삼각형: 예

9 나, 다, 라, 사 / 마, 바
10 바, 사, 자 / 라, 마, 아
11 라, 아, 자 / 나, 마, 사
12 라, 바, 사 / 나, 마
13 가, 라, 마, 아 / 나, 다, 바, 사
14 마, 바 / 나, 다, 라
15 예

16 예
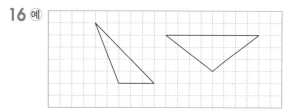

step 1 원리꼼꼼   52쪽

원리 확인 **1** (1) 정삼각형   (2) 예각삼각형
               (3) 이등변삼각형   (4) 이등변삼각형
               (5) 둔각삼각형   (6) 이등변삼각형

step 2 원리탄탄   53쪽

1 다, 마, 바 / 가, 나, 라

2 가, 바 / 다, 라 / 나, 마

3 바 / 다 / 마 / 가 / 라 / 나

4 ①, ④, ⑤

step 3 원리척척   54~55쪽

1 ㉧ // ㉢, ㉣, ㉦, ㉨ / ㉤ / ㉥ // ㉡ / ㉢ / ㉠

2 정삼각형, 이등변삼각형, 예각삼각형

3 이등변삼각형, 둔각삼각형

4 이등변삼각형, 예각삼각형

5 예

6 예

7 예
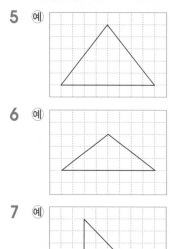

8 예
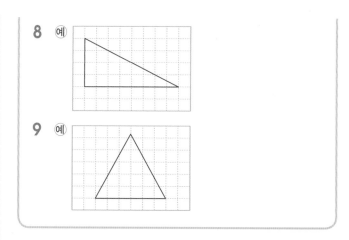

9 예

step 4 유형콕콕   56~57쪽

01 5, 35   **02** 7

03 37   **04** 이등변삼각형

05 60   **06** 3, 3

07 120°   **08** 21 cm

09 예, 둔   **10** 둔각삼각형

11 나, 라   **12** 8개

13 (1) 변 ㄱㄴ, 변 ㄴㄷ
      (2) 이등변삼각형

14 12, 11   **15** ③, ④

16 9 cm

01 이등변삼각형은 두 변의 길이와 두 각의 크기가 같습니다.

02 이등변삼각형은 두 변의 길이가 같으므로
    □＝7 cm입니다.

03 이등변삼각형은 두 각의 크기가 같으므로
    □＝(180°－106°)÷2＝37입니다.

04 세 변 중 두 변의 길이가 같으므로 이등변삼각형입니다.

05 정삼각형은 세 변의 길이와 세 각의 크기가 같습니다.

06 정삼각형은 세 변의 길이가 같으므로
    □＝3 cm입니다.

07 세 변의 길이가 같으므로 정삼각형입니다.
정삼각형의 한 각의 크기는 $60°$이므로
㉠+㉡=$60°+60°=120°$입니다.

08 정삼각형의 세 변의 길이가 같으므로 세 변의 길이의
합은 $7+7+7=21$(cm)입니다.

09 예각삼각형은 세 각이 모두 예각이고, 둔각삼각형은
한 각이 둔각입니다.

11 세각이 모두 예각인 삼각형을 찾아 보면 나, 라입니다.

12
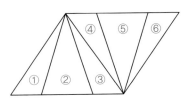
예각삼각형은 ②,
①+②, ②+③,
①+②+③, ⑤,
④+⑤, ⑤+⑥,
④＋⑤＋⑥으로
모두 8개입니다.

14 도형의 모양으로 보아 $12\,\text{cm}$의 변이 두 개가 되어야
합니다.

15 세 각이 모두 예각으로 되어 있는 것을 찾습니다.

16 이등변삼각형의 세 변의 길이의 합은
$10+10+7=27$(cm)이므로 정삼각형의 한 변은
$27÷3=9$(cm)입니다.

🐰 단원 평가

58~60쪽

01 ②	**02** 8
03 16 cm	**04** 36
05 28°	**06** ①
07 가	**08** 15, 15
09 60°	**10** 33 cm
11 나, 마, 바 / 나, 바	**12** 나, 라, 마, 바 / 가
13 ④	**14** ㉠, ㉡, ㉢
15 나, 다, 마 / 가, 바	**16** 예각삼각형
17 둔각삼각형	**18** ②, ③

19 예
(삼각형 그림)

20 (1) 65, 예각삼각형　　　(2) 135, 둔각삼각형

01 두 변의 길이가 같은 삼각형을 찾으면 ②입니다.

02 이등변삼각형은 두 변의 길이가 같습니다.

03 나머지 한 변의 길이가 $6\,\text{cm}$이므로 세 변의 길이의
합은 $6+6+4=16$(cm)입니다.

04 이등변삼각형은 두 각의 크기가 같습니다.

05 (각 ㄱㄴㄷ)=(각 ㄱㄷㄴ)이므로
(각 ㄱㄷㄴ)=$(180°-124°)÷2=28°$입니다.

06 ①은 길이가 같은 변이 없습니다.

07 세 변의 길이가 같은 삼각형을 찾으면 가입니다.

09 정삼각형의 세 각의 크기의 합은 $180°$이고 세 각의 크
기가 모두 같으므로 한 각의 크기는
$180°÷3=60°$입니다.

10 정삼각형의 세 변의 길이는 모두 같으므로 세 변의 길
이의 합은 $11×3=33$(cm)입니다.

15 • 예각삼각형: 세 각이 모두 예각인 삼각형을 찾으면
나, 다, 마입니다.
• 둔각삼각형: 한 각이 둔각인 삼각형을 찾으면 가,
바입니다.

16 정삼각형은 세 각이 모두 $60°$로 예각이므로 예각삼각
형입니다.

17 한 각이 둔각이므로 둔각삼각형입니다.

18 세 각이 모두 예각이 되려면 점 ② 또는 점 ③을 이어
야 합니다.

19 한 각이 둔각이 되도록 삼각형을 그립니다.

20 (1) □=$180°-85°-30°=65°$ → 예각삼각형
(2) □=$180°-30°-15°=135°$ → 둔각삼각형

원리 확인 **1** (1) $\dfrac{52}{100}$ (2) 52, 0.52

원리 확인 **2** (1) 풀이 참조   (2) 1.45

2 (1) 예

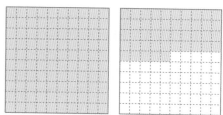

1 (1) 0.28   (2) 0.73

2 (1) 영 점 삼오   (2) 영 점 육구
　　(3) 영 점 팔일   (4) 영 점 오육

3 0.67, 0.71, 0.76

4 (1) 2, 2   (2) 9, 0.9
　　(3) 4, 0.04

5 3.75 m

1 영 점 일오   **2** 영 점 삼이
3 영 점 이구   **4** 이 점 일칠
5 사 점 오육   **6** 칠 점 팔이
7 0.04   **8** 0.45
9 0.21   **10** 1.25
11 4.57   **12** 6.98
13 0.57, 영 점 오칠   **14** 2.36, 이 점 삼육
15 5.09, 오 점 영구
16 2, 2 / 4, 0.4 / 3, 0.03
17 3, 3 / 7, 0.7 / 8, 0.08
18 4, 4 / 5, 0.5 / 1, 0.01
19 6, 7, 5   **20** 7, 4, 2
21 2.18   **22** 3.56
23 8.63   **24** 9.82

원리 확인 **1** (1) 1   (2) 1000, $\dfrac{575}{1000}$
　　(3) 0.575   (4) 0.575

원리 확인 **2** (1) 4   (2) 0.8
　　(3) 0.07   (4) 0.001

1 1000 m는 1 km이므로

$1\,m = \dfrac{1}{1000}\,km = 0.001\,km$입니다.

1 0.035, 0.047

2 (1) 영 점 오팔이   (2) 영 점 이육육
　　(3) 영 점 구사삼   (4) 영 점 팔영칠

3 (1) 0.054   (2) 0.068
　　(3) 0.195   (4) 0.732

4 (1) 3, 7, 2, 9   (2) 4.263

5 0.786 km

1 눈금 한 칸의 크기는 $\dfrac{1}{1000} = 0.001$입니다.

$\dfrac{35}{1000}$는 0.035이고, $\dfrac{47}{1000}$은 0.047입니다.

1 영 점 삼칠이   **2** 영 점 영이구
3 영 점 일오사   **4** 일 점 오칠이
5 이 점 팔사칠   **6** 일 점 구팔육
7 0.059   **8** 0.802
9 0.537   **10** 1.921
11 2.056   **12** 3.657
13 7, 7 / 5, 0.5 / 8, 0.08 / 4, 0.004
14 9, 9 / 4, 0.4 / 5, 0.05 / 3, 0.003
15 3, 8, 1, 6   **16** 6, 3, 5, 7
17 7, 3, 5   **18** 5, 8, 4

19	2, 8, 7, 5	20	5.236
21	4.842	22	9.243
23	8.702	24	2.098

step ❶ 원리 꼼꼼 70쪽

원리 확인 ❶ (1) 풀이 참조　　　(2) 61, <
(3) 석기

원리 확인 ❷ (1) 풀이 참조
(2) 같은 점에 표시되었습니다.
(3) 같은 수입니다.

1 (1) 예

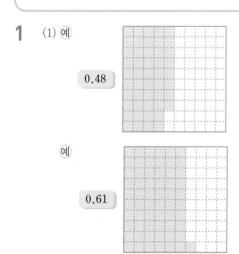

0.48

예

0.61

2 (1)

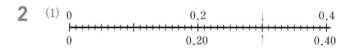

step ❷ 원리 탄탄 71쪽

1 예

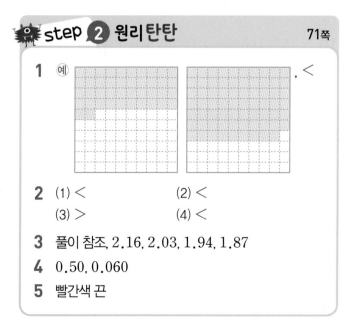

, <

2 (1) <　　　　　　(2) <
(3) >　　　　　　(4) <

3 풀이 참조, 2.16, 2.03, 1.94, 1.87

4 0.50, 0.060

5 빨간색 끈

3

1.87 < 1.94 < 2.03 < 2.16

4 0.50 ➡ 0.5, 0.060 ➡ 0.06

5 0.582 > 0.56

step ❸ 원리 척척 72~73쪽

1	1.70	2	4.60
3	6.10	4	>
5	<	6	>
7	>	8	>
9	<	10	<

11 >
12 1.83, 1.69, 1.62, 0.92, 0.85
13 3.84, 3.26, 2.79, 2.76, 0.98
14 2.99, 2.85, 2.84, 1.99, 1.72
15 0.971, 0.926, 0.352, 0.342, 0.274
16 1.429, 1.417, 1.359, 1.352, 1.347
17 5.124, 3.712, 3.203, 2.75, 2.705

step ❶ 원리 꼼꼼 74쪽

원리 확인 ❶ (1) 1　　　　　(2) 0.1
(3) 0.01　　　(4) 0.1
(5) 0.01　　　(6) 0.001

원리 확인 ❷ (1) 10, 100　　(2) 100, 1000
(3) 0.01, 0.001　(4) 0.23, 0.023

step ❷ 원리 탄탄 75쪽

1 60, 6, 0.06, 0.006 / 120, 12, 0.12, 0.012

2 ④

3 (1) 0.4, 0.04　　(2) 3.55, 0.355
(3) 8.2, 82　　　(4) 5.19, 51.9

4 (1) 10, 100   (2) $\dfrac{1}{10}$, $\dfrac{1}{100}$

1 소수의 10배는 소수점이 오른쪽으로 한 자리, 100배는 소수점이 오른쪽으로 두 자리 옮겨집니다.

또, 소수의 $\dfrac{1}{10}$ 은 소수점이 왼쪽으로 한 자리,

$\dfrac{1}{100}$ 은 소수점이 왼쪽으로 두 자리 옮겨집니다.

4 (1) 6은 0.6에서 소수점이 오른쪽으로 한 자리 옮겨졌으므로 0.6의 10배이고 0.06에서 소수점이 오른쪽으로 두 자리 옮겨졌으므로 0.06의 100배입니다.

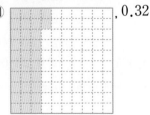

step ③ 원리 척척   76~77쪽

1 왼	**2** 0.05, 0.005
3 0.04, 0.004	**4** 0.17, 0.017
5 오른	**6** 2.5, 25
7 7.43, 74.3	**8** 97.2, 972
9 0.069 kg, 6.9 kg	**10** 0.25 kg, 25 kg
11 0.32 kg, 32 kg	**12** 0.58 kg, 58 kg
13 3.67 kg, 367 kg	
14 3.802 kg, 380.2 kg	

step ④ 유형 콕콕   78~79쪽

01 예   , 0.32

02 0.54, 영 점 오사   **03** 65, 65
04 23.86
05 (1) 0.003   (2) 0.009
(3) 0.021   (4) 0.674
06 (1) 영 점 영영육   (2) 영 점 영팔삼
(3) 영 점 오칠이   (4) 영 점 구영칠

07 6.375   **08** 9.658 km
09 2.024, 1.224, 0.204, 0.024
10 >   **11** 영삼
12 인호
13 $\dfrac{1}{10}$, $\dfrac{1}{10}$, $\dfrac{1}{10}$ / 10, 10, 10
14 (1) 10   (2) 100
(3) 100   (4) 1000
15 6.17, 0.617   **16** 100배

01 작은 모눈 한 칸은 전체의 $\dfrac{1}{100}$ 이므로 0.01입니다.
0.01이 32개이므로 0.32입니다.

03 $\dfrac{65}{100}$ 는 $\dfrac{1}{100}$ 이 65개이고 0.65는 0.01이 65개입니다.

05 (3) 0.001이 21개이면 0.021입니다.
(4) 0.001이 674개이면 0.674입니다.

06 소수점 아래부터는 자릿값을 읽지 않고 숫자만 하나씩 차례대로 읽습니다.

07 1이 6개, 0.1이 3개, 0.01이 7개, 0.001이 5개이면 6.375입니다.

09 0.024 < 0.204 < 1.224 < 2.024

10 9.16의 100배는 916이고, 916의 $\dfrac{1}{10}$ 은 91.6입니다.

11 1 m = 100 cm이므로 0.694 m = 69.4 cm입니다.
52.8 cm < 69.4 cm이므로 영삼이가 가지고 있는 철사의 길이가 더 깁니다.

12 36.852 < 37.47 < 37.5

14 소수점이 어느 쪽으로 몇 자리 이동했는지 알아봅니다.

15 소수의 $\dfrac{1}{10}$, $\dfrac{1}{100}$ 은 소수점이 왼쪽으로 각각 한 자

리, 두 자리 이동합니다.

16 ㉠ 일의 자리 숫자이므로 5를 나타냅니다.
㉡ 소수 둘째 자리 숫자이므로 0.05를 나타냅니다.
따라서 5는 0.05의 100배입니다.

step 1 원리 꼼꼼

원리 확인 ① (1) 풀이 참조　　(2) 9
(3) 0.9, 0.9

원리 확인 ② (1) 7, 16　　(2) 23
(3) 2.3
(4) 7, 16, 23 / 2.3

1 (1)

| | | | | | | | | | | |
|0|0.1|0.2|0.3|0.4|0.5|0.6|0.7|0.8|0.9|1|

(3) 색칠한 부분이 9칸이므로 0.5+0.4=0.9입니다.

step 2 원리 탄탄
81쪽

1 0.7　　**2** 8, 6, 14 / 1.4
3 (1) 0.7　　(2) 1.5
(3) 2.3　　(4) 2.5
(5) 0.9　　(6) 3.3
4 1.2 km

step 3 원리 척척
82~83쪽

1 0.6　　**2** 0.9
3 0.8　　**4** 0.5
5 1.4　　**6** 1.5
7 1.5　　**8** 1.8
9 0.7　　**10** 0.6
11 0.9　　**12** 0.8
13 0.8　　**14** 0.8
15 1.1　　**16** 1.2

17 1.6　　**18** 1.3
19 1.3　　**20** 1.5
21 0.9　　**22** 0.7
23 0.6　　**24** 0.9
25 1.6　　**26** 1.3
27 1.7　　**28** 1.2

step 1 원리 꼼꼼
84쪽

원리 확인 ① (1) 풀이 참조　　(2) 5, 0.5
(3) 0.5

원리 확인 ② (1) 34　　(2) 16
(3) 16, 18　　(4) 1.8
(5) 34, 16, 18 / 1.8

1 (1)

| | | | | | | | | | | |
|0|0.1|0.2|0.3|0.4|0.5|0.6|0.7|0.8|0.9|1|

step 2 원리 탄탄
85쪽

1 (1) 0.6　　(2) 0.3
2 24, 8, 16, 1.6
3 (1) 0.4　　(2) 0.7
(3) 0.6　　(4) 1.9
4 0.3 kg　　**5** 0.8 m

step 3 원리 척척
86~87쪽

1 0.4　　**2** 0.4
3 0.2　　**4** 0.1
5 0.5　　**6** 0.3
7 0.3　　**8** 0.3
9 0.5　　**10** 0.7
11 0.6　　**12** 0.3
13 1.9　　**14** 2.6
15 1.8　　**16** 0.6

3. 소수의 덧셈과 뺄셈 · **15**

17 2.5	**18** 1.8
19 0.2	**20** 0.1
21 0.4	**22** 0.6
23 1.5	**24** 1.8

step **1** 원리 꼼꼼 88쪽

원리 확인 **1** (1) 풀이 참조   (2) 67, 0.67
(3) 0.67

원리 확인 **2** (1) 76   (2) 19
(3) 19, 95   (4) 0.95
(5) 76, 19, 95 / 0.95

1 (1)
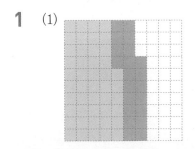
(2) 0.01이 67칸이므로 0.67입니다.

step **2** 원리 탄탄 89쪽

1 78, 46, 124 / 1.24
2 (1) 0.87   (2) 0.78
(3) 0.77   (4) 1.57
3 (1) 0.93   (2) 1.63
4 0.97 m   **5** 1.23 kg

1 0.01이 124개이면 1.24이므로 0.78＋0.46＝1.24
입니다.

step **3** 원리 척척 90~91쪽

1 0.75 / (오른쪽 위에서부터) 34, 41, 75, 0.75
2 0.74 / (오른쪽 위에서부터) 51, 23, 74, 0.74
3 0.78 / (오른쪽 위에서부터) 66, 12, 78, 0.78

4 0.83 / (오른쪽 위에서부터) 64, 19, 83, 0.83
5 1.29 / (오른쪽 위에서부터) 37, 92, 129, 1.29
6 1.28 / (오른쪽 위에서부터) 46, 82, 128, 1.28
7 0.39	**8** 0.58
9 0.46	**10** 0.97
11 0.77	**12** 0.82
13 0.86	**14** 0.61
15 0.75	**16** 1.27
17 1.33	**18** 1.26
19 0.87	**20** 0.79
21 0.88	**22** 0.67
23 1.71	**24** 1.42
25 1.32	**26** 1.46

step **1** 원리 꼼꼼 92쪽

원리 확인 **1** (1) 풀이 참조   (2) 33, 0.33
(3) 0.33

원리 확인 **2** (1) 120   (2) 34
(3) 86   (4) 0.86
(5) 120, 34, 86 / 0.86

1 (1)
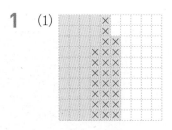
(2) 색칠한 부분에서 ×로 지우고 남은 칸이 33칸이므
로 0.58－0.25＝0.33입니다.

step **2** 원리 탄탄 93쪽

1 56, 23, 33 / 0.33
2 (1) 0.52   (2) 1.86
(3) 0.32   (4) 1.86
3 125, 57, 68, 0.68
4 0.27 m   **5** 0.16 km

4 (초록색 테이프의 길이)−(노란색 테이프의 길이)
=0.75−0.48=0.27(m)

5 (학교까지의 거리)−(문구점까지의 거리)
=0.83−0.67=0.16(km)

step ③ 원리척척
94~95쪽

1 0.35 / (오른쪽 위에서부터) 86, 51, 35, 0.35
2 0.22 / (오른쪽 위에서부터) 69, 47, 22, 0.22
3 0.23 / (오른쪽 위에서부터) 78, 55, 23, 0.23
4 0.27 / (오른쪽 위에서부터) 72, 45, 27, 0.27
5 0.34 / (오른쪽 위에서부터) 53, 19, 34, 0.34
6 2.35 / (오른쪽 위에서부터) 363, 128, 235, 2.35
7 0.31　　　　**8** 0.14
9 0.43　　　　**10** 0.43
11 0.21　　　　**12** 0.31
13 0.18　　　　**14** 0.28
15 0.04　　　　**16** 0.27
17 0.19　　　　**18** 0.07
19 0.44　　　　**20** 0.43
21 0.41　　　　**22** 0.51
23 2.36　　　　**24** 2.67

step ④ 유형콕콕
96~97쪽

01 (1) 0.9　　　　(2) 0.91
　　(3) 1.2　　　　(4) 0.92
02 (선으로 연결)
03 <
04 1.35 km
05 (1) 7.77　　　　(2) 22.05
　　(3) 12.95　　　　(4) 10.25
06 (오른쪽 위에서부터)
　　17.88, 10.032, 19.24, 8.672
07 20.62　　　　**08** 37.67 kg

09 (1) 1.5　　　　(2) 0.42
　　(3) 0.36　　　　(4) 0.35
10 0.14　　　　**11** >
12 0.38 L
13 (1) 3.22　　　　(2) 5.37
　　(3) 42.56　　　　(4) 2.97
14 15.26　　　　**15** ㉡
16 2.75 m

11 0.54−0.28=0.26 > 0.83−0.59=0.24

15 ㉠ 1.86 ㉡ 1.64 ㉢ 1.93 ㉣ 1.84

단원평가
98~100쪽

01 7, 6, 5　　　　**02** 8.061
03 (위에서부터) $\frac{1}{100}$, 0.1, 0.01, 0.001
04 (1) 0.07　　　　(2) 1.645
05 0.8　　　　**06** 0.4, 0.9
07 1.42 / (오른쪽 위에서부터) 74, 68, 142, 1.42
08
$$\begin{array}{r} \overset{1}{3}.24 \\ +\,4.8 \\ \hline 8.04 \end{array}$$
09 (1) 1.32　　　　(2) 13.94
10 5.37　　　　**11** 0.2
12 0.3, 0.6
13 0.42 / (오른쪽 위에서부터) 71, 29, 42, 0.42
14
$$\begin{array}{r} 7.70 \\ -\,4.82 \\ \hline 2.88 \end{array}$$
15 (1) 0.46　　　　(2) 4.19
16 2.76
17 (1) >　　　　(2) <
18 (1) 1.22, 0.41　　　　(2) 4.22, 2.71
19 (오른쪽 위에서부터) 22.6, 12.14, 8.54, 1.92
20 ㉣, ㉡, ㉠, ㉢

01 7.65는 1이 7개, 0.1이 6개, 0.01이 5개인 수입니다.

02 1이 8개 → 8, 0.01이 6개 → 0.06,
0.001이 1개 → 0.001
➡ 8+0.06+0.001=8.061

04 (1) 100 cm=1 m이므로 7 cm는 0.07 m입니다.
(2) 1000 g=1 kg이므로 1645 g은
1.645 kg입니다.

05 수직선을 이용하여 합을 구할 수 있습니다.

08 자리를 잘못 맞추었습니다.
소수점끼리 자리를 맞추어 씁니다.

09 (1) 0.56+0.76=1.32
(2) 7.09+6.85=13.94

10 가장 큰 수: 4.17, 가장 작은 수: 1.2
➡ 4.17+1.2=5.37

11 수직선을 이용하여 차를 구할 수 있습니다.

14 소수의 자릿수가 다를 때에는 끝자리 뒤에 0이 있는
것으로 보고 계산하면 편리합니다.

15 (1) 0.63-0.17=0.46
(2) 8.42-4.23=4.19

16 가장 큰 수: 3.48, 가장 작은 수: 0.72
➡ 3.48-0.72=2.76

17 (1) 0.27+4.96=5.23, 7.42-2.48=4.94
(2) 5.32-1.42=3.9, 1.29+3.48=4.77

20 ㉠ 2.48 ㉡ 2.55 ㉢ 2.24 ㉣ 2.89

4. 사각형

원리 확인 **1** (1) 라   (2) 수직
         (3) 라   (4) 나

1 ㉠, ㉣   **2** 2개

3

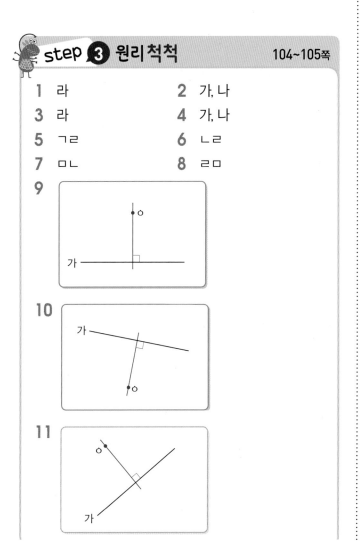

4 4, 2, 3, 1

1 라   **2** 가, 나
3 라   **4** 가, 나
5 ㄱㄹ   **6** ㄴㄹ
7 ㅁㄴ   **8** ㄹㅁ

9

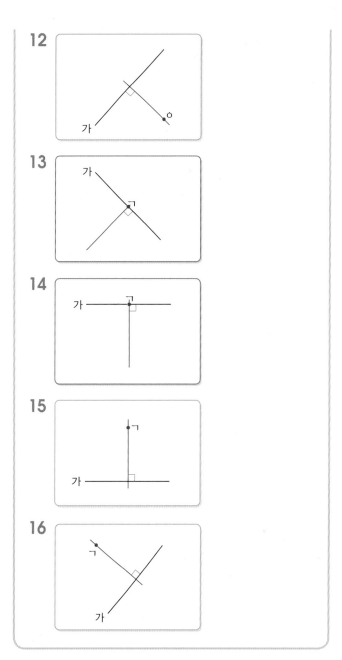

10

11

12

13

14

15

16

원리 확인 **1** (1) 수선   (2) 평행
         (3) 평행선

원리 확인 **2**

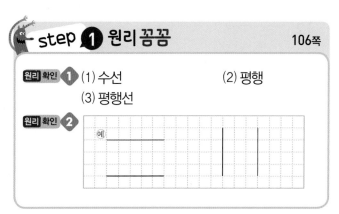

2 주어진 직선과 평행한 직선은 무수히 많이 그을 수 있습니다.

step ② 원리탄탄　107쪽

1 ㉡, ㉣

2 ㄱㄴ, ㄹㄷ, / ㄱㄹ, ㄴㄷ

3 2쌍　　　　**4** ㉣

step ③ 원리척척　108~109쪽

1 나, 라　　　**2** 다, 마

3 나, 바　　　**4** 다, 바

5 ㄱㄹ, ㄹㄷ　　**6** ㄹㄷ, ㄴㄷ

7 ㄴㄷ　　　**8** ㄷㄹ

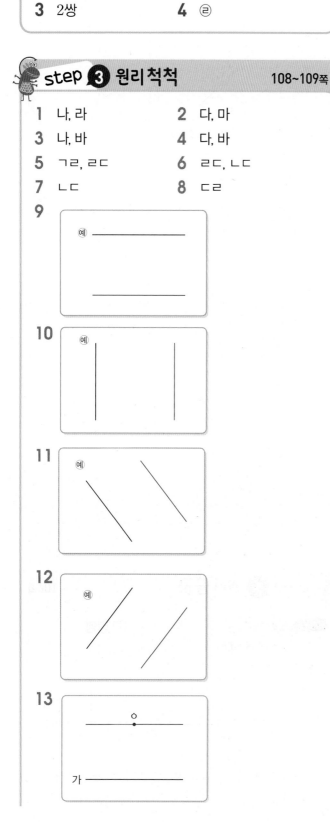

9

10

11

12

13

14

15

16

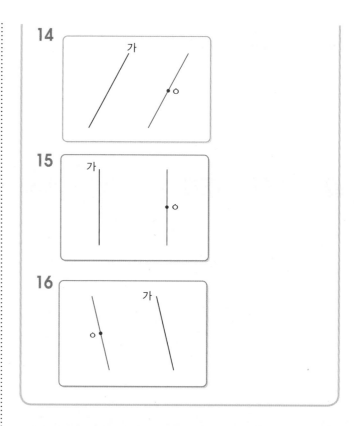

step ① 원리꼼꼼　110쪽

원리확인 ① (1) 평행선　　　(2) 변 ㄹㄷ
　　　　　(3) 4 cm

원리확인 ② ㉢

1 (1) 두 변 ㄱㄹ과 ㄴㄷ은 길게 늘여도 만나지 않으므로 평행선이라 합니다.

　(3) 평행선 사이의 거리는 평행선 사이의 수선의 길이이므로 변 ㄹㄷ의 길이인 4 cm입니다.

step ② 원리탄탄　111쪽

1 3 cm　　　　**2** 12 cm

3 (1) 3　　　　(2) 2

4

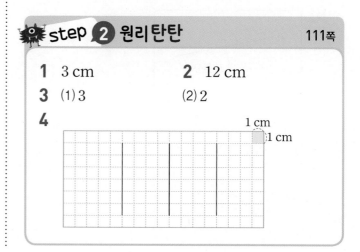

step ③ 원리척척 112~113쪽

1 3 cm   **2** 2.5 cm
3 1 cm   **4** 2 cm
5 4 cm   **6** 3.5 cm
7~12 생략

step ① 원리꼼꼼 114쪽

원리 확인 ① (1) 풀이 참조   (2) 가, 다
            (3) 사다리꼴

원리 확인 ② (1) ㄴㄷ, ㄹㄷ
            (2) 평행, 사다리꼴

1 (1)
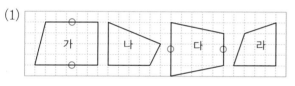

(3) 가, 다와 같이 마주 보는 한 쌍의 변이 서로 평행한 사각형을 사다리꼴이라고 합니다.

step ② 원리탄탄 115쪽

1 ②   **2** 나, 라, 마
3 풀이 참조   **4** 예
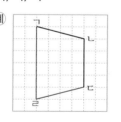

3 여러 가지 방법이 있습니다. 마주 보는 한 쌍의 변이 서로 평행하도록 자르면 됩니다.
예
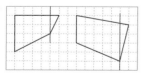

step ③ 원리척척 116~117쪽

1 나, 라   **2** 가, 라, 바, 사

3 ㄱㄴ, ㄹㄷ   **4** ㄱㄹ, ㄴㄷ
5 ㄱㄴ, ㄹㄷ   **6** ㄱㄴ, ㄹㄷ
7 ㄱㄹ, ㄴㄷ   **8** ㄱㄴ, ㄷㄹ
9
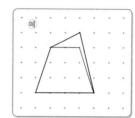

10
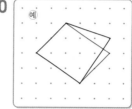

11
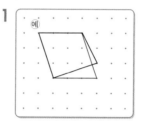

12
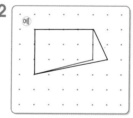

13 풀이 참조

13
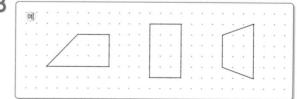

step ① 원리꼼꼼 118쪽

원리 확인 ① (1) 가, 라, 평행사변형
            (2) 있습니다.

원리 확인 ② (1) ㄷㄹ, ㅁㄹ   (2) ㄷㄹㅁ

step 2 원리탄탄   119쪽

1 ⑤   **2** 풀이 참조

3   **4** (1) 6
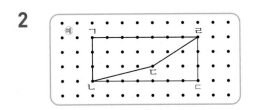   (2) 110

2
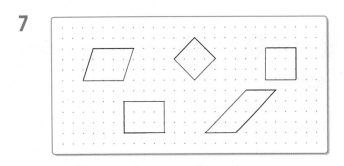

㉹ 한 점을 옮겨서 마주 보는 두 쌍의 변이 서로 평행
하도록 합니다. 따라서 점 ㄷ을 오른쪽으로 3칸,
아래로 한 칸을 움직이면 마주 보는 두 쌍의 변이
서로 평행하므로 평행사변형이 됩니다.

step 3 원리척척   120~121쪽

1 가, 나, 라   **2** 나, 다, 마, 아

3 ㄱㄴ, ㄹㄷ / ㄱㄹ, ㄴㄷ

4 ㅁㅂ, ㅇㅅ / ㅁㅇ, ㅂㅅ

5 ㄱㄴ, ㄹㄷ / ㄱㄹ, ㄴㄷ

6 ㅁㅂ, ㅇㅅ / ㅁㅇ, ㅂㅅ

7 풀이 참조   **8** 9, 8

9 5   **10** 55

11 110, 70   **12** 90, 12

13 (위에서부터) 14, 105, 18, 75

1 평행사변형은 마주 보는 두 쌍의 변이 서로 평행한 사
각형이므로 가, 나, 라입니다.

7
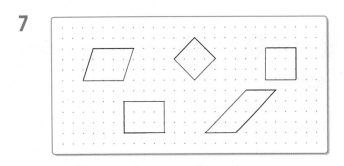

step 1 원리꼼꼼   122쪽

원리확인 **1** (1) 가, 다   (2) 마름모

원리확인 **2** 평행, 각

원리확인 **3** (1) ㄹㄷ   (2) ㄱㄹㄷ
         (3) 사다리꼴, 평행사변형

step 2 원리탄탄   123쪽

1 가, 다

2 (1)   (2)
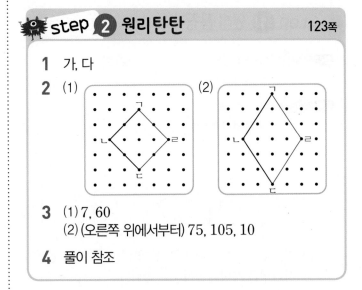

3 (1) 7, 60
    (2) (오른쪽 위에서부터) 75, 105, 10

4 풀이 참조

1 네 변의 길이가 모두 같은 사각형을 찾습니다.

3 마름모는 네 변의 길이가 모두 같고, 마주 보는 각의
크기가 같습니다.

4 한 번 접어 가위로 자른 부분이 도형의 네 변이 되고,
그 길이가 모두 같지는 않으므로 마름모라고 할 수 없습
니다.

step 3 원리척척   124~125쪽

1 나, 라

2 (   )(○)(   )(○)

3 (   )(   )(○)(○)

4 (○)(   )(   )(○)

5 풀이 참조   **6** 9, 9, 9

7 12, 12, 12

8 (왼쪽 위에서부터) 75, 105, 75

9 (위에서부터) 100, 80, 100

10 (위에서부터) 13, 90, 13, 13

11 (왼쪽 위에서부터) 8, 70, 70, 8, 8

1 마름모는 네 변의 길이가 모두 같은 사각형이므로 나와 라입니다.

5

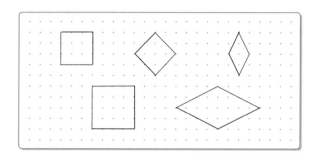

step ① 원리꼼꼼　　126쪽

원리 확인 **1**　(1) ㄴㄷ, ㄹㄷ
　　　　　　(2) 사다리꼴, 평행사변형

원리 확인 **2**　(1) ㄴㄷ, ㄹㄷ
　　　　　　(2) 직각, 같습니다.
　　　　　　(3) 사다리꼴, 평행사변형
　　　　　　(4) 직사각형　　　　　(5) 마름모

step ② 원리탄탄　　127쪽

1 ⑤　　　　　　　**2** 정사각형

3 (1) 가, 나, 다, 라, 마, 바, 사
　(2) 가, 다, 마, 사　　(3) 마
　(4) 가, 마　　　　　(5) 마

4 (1) (오른쪽 위에서부터) 8, 12
　(2) (오른쪽 위에서부터) 14, 5

4 직사각형은 마주 보는 두 쌍의 변의 길이가 서로 같습니다.

step ③ 원리척척　　128~129쪽

1 네, 변, 평행, 직사각형

2 가, 나, 다, 라, 마, 바, 사

3 가, 다, 라, 마, 사　　**4** 라, 마, 사

5 사다리꼴이라고 할 수 있습니다.

6 평행사변형이라고 할 수 있습니다.

7 네, 네, 평행, 정사각형

8 라, 마, 사, 아　　**9** 다, 라, 마, 사

10 라, 마, 사

11 마름모라고 할 수 있습니다.

12 직사각형이라고 할 수 있습니다.

step ④ 유형콕콕　　130~131쪽

01 풀이 참조　　　　**02** 직선 ㅁㅂ, 직선 ㅈㅊ

03 직선 다와 직선 마, 직선 라와 직선 바

04 2쌍　　　　　　**05** 가

06 라

07 (1) =　　　　　　(2) <

08 8 cm

09 (1) 가, 나, 다, 라　　(2) 가, 다, 라

10 변 ㄱㄴ

11 (1) 13 cm　　　　(2) 65°

12 6 cm　　　　　**13** 24 cm

14 가: 90, 9 나: 7, 90

15 (왼쪽 위에서부터) 125, 55, 8, 8

16 ㉠, ㉡, ㉢, ㉣, ㉤, ㉥

01

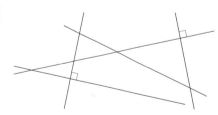

직각 삼각자의 직각인 부분을 이용하여 찾을 수 있습니다.

11 (2) 이웃한 두 각의 합이 180°이므로
　　180°−115°=65°입니다.

12 평행사변형은 마주 보는 변의 길이가 같으므로
(28−8−8)÷2=6(cm)입니다.

16 마주 보는 두 쌍의 변이 서로 평행하고 네 변의 길이가 모두 같고 네 각의 크기가 모두 같습니다.

13 마주 보는 두 쌍의 변이 서로 평행하도록 그립니다.

14 평행사변형은 마주 보는 변의 길이와 각의 크기가 같습니다.

17 마름모는 네 변의 길이가 모두 같고 마주 보는 두 각의 크기가 같습니다.

19 네 변의 길이가 모두 같게 되도록 그립니다.

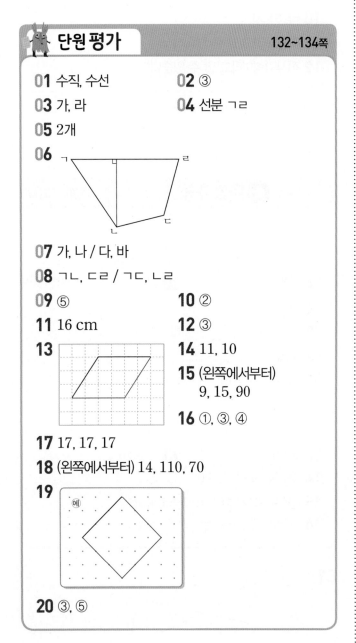

단원 평가 · 132~134쪽

01 수직, 수선 **02** ③
03 가, 라 **04** 선분 ㄱㄹ
05 2개
06
07 가, 나 / 다, 바
08 ㄱㄴ, ㄷㄹ / ㄱㄷ, ㄴㄹ
09 ⑤ **10** ②
11 16 cm **12** ③
13 **14** 11, 10
15 (왼쪽에서부터) 9, 15, 90
16 ①, ③, ④
17 17, 17, 17
18 (왼쪽에서부터) 14, 110, 70
19 예
20 ③, ⑤

02 직선 가와 만나서 이루는 각이 직각인 직선은 ③입니다.

03 직선이 만나서 이루는 각이 직각인 두 직선을 찾아봅니다.

10 평행선 사이에 수직인 선분을 찾아봅니다.

5. 꺾은선그래프

원리 확인 ① (1) 꺾은선그래프
            (2) 시각, 온도   (3) 2, 10
            (4) 8   (5) 꺾은선그래프
            (6) 2

1 (1) 꺾은선그래프   (2) 관찰한 날, 키
   (3) 14일에서 18일 사이
   (4) 약 21 cm

2 (1) 1 ℃   (2) 오후 1시
   (3) 오전 11시와 12시 사이

1 (○)	2 ( )
( )	(○)
3 ( )	4 (○)
(○)	( )
5 ( )	6 (○)
(○)	( )
7 (○)	8 (○)
( )	( )
9 ( )	10 ( )
(○)	(○)

11 꺾은선그래프   **12** 월, 무게
13 1 kg   **14** 토끼의 무게의 변화
15 꺾은선그래프   **16** 약 4 kg

13 세로 눈금 5칸이 5 kg이므로 세로 눈금 한 칸의 크기
   는 1 kg입니다.

원리 확인 ① (1) 1   (2) 0.1
            (3) 23.1, 25.0   (4) (나)
            (5) 5

1 (나)   **2** 5 cm, 0.1 cm
3 7월   **4** 약 132.2 cm
5 129 cm

1 물결선   **2** (나)
3 5 cm, 0.5 cm   **4** (나)
5 작게 잡습니다.   **6** 1 cm
7 0.1 cm   **8** (나) 그래프
9 수요일   **10** 1.1 cm

6 0 cm에서 5 cm까지 5칸이므로 세로 눈금 한 칸의
   크기는 5÷5=1(cm)입니다.

7 13 cm에서 13.5 cm까지 5칸이므로 세로 눈금 한
   칸의 크기는 0.1 cm입니다.

10 14.3−13.2=1.1(cm)

원리 확인 ① (1) 36.4 ℃   (2) 37.3 ℃
            (3) 36.4 ℃부터 37.3 ℃까지
            (4) ④   (5) ①

1
  (3) 가장 낮은 체온부터 가장 높은 체온까지가 그래프
    를 그리는 데 꼭 필요한 부분입니다.

  (4) 가장 낮은 체온이 36.4 ℃이므로 0 ℃부터
    36 ℃까지 물결선으로 나타내면 좋습니다.

  (5) 체온을 소수 첫째 자리까지 조사하였으므로 세로
    눈금 한 칸의 크기는 0.1 ℃로 하면 좋습니다.

step ❷ 원리탄탄   145쪽

1 18.4 cm부터 19.5 cm까지

2 예 0 cm부터 18 cm까지

3 0.1 cm

4
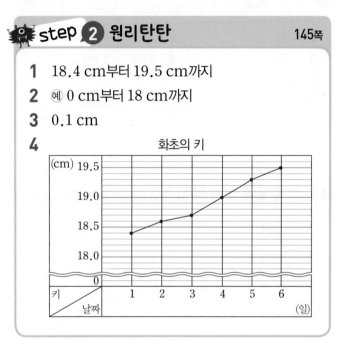

1 그래프를 그리는 데 꼭 필요한 부분은 가장 작은 키
18.4 cm부터 가장 큰 키 19.5 cm까지입니다.

2 가장 작은 키가 18.4 cm이므로 0 cm부터 18 cm
밑부분까지를 물결선으로 나타냅니다.

step ❸ 원리척척   146~147쪽

1 월   **2** 판매량

3 1권

4 124권부터 134권까지

5 ④

6
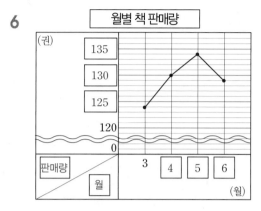

7
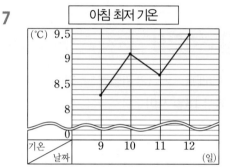

8
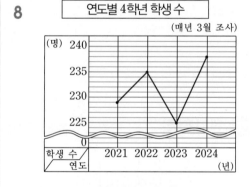

9
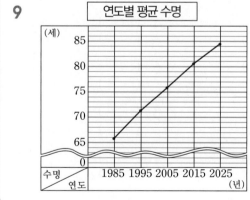

step 1 원리꼼꼼 148쪽

원리확인 1 (1) 올라가고 있습니다.
　　　　(2) 약 14.6 ℃　　　(3) 1.2 ℃

1 (2) 오전 9시 30분의 거실의 온도는 오전 9시와 오전 10시의 온도의 중간값으로 볼 수 있습니다.
　　➡ 14.6 ℃
　(3) 16.2－15＝1.2(℃)

step 2 원리탄탄 149쪽

1 늘어나고 있습니다.
2 오후 7시와 오후 9시 사이
3 66, 80　　　　　**4** 2022, 2024
5 예술점수

2 비가 가장 많이 내린 때는 선분의 기울어진 정도가 가장 큰 때이므로 오후 7시와 오후 9시 사이입니다.

step 3 원리척척 150~151쪽

1 12 ℃　　　　　**2** 4, 6
3 낮아질　　　　　**4** 약 120개
5 220개　　　　　**6** 줄어들었습니다.
7 20병　　　　　**8** 4월, 600병
9 8월, 1020병　　**10** 7월
11 840병보다 줄어들 것입니다.

11 8월말 이후부터 판매량이 줄기 시작하므로 10월 이후의 판매량도 줄어들 것이라고 예상할 수 있습니다.

step 4 유형콕콕 152~153쪽

01 꺾은선그래프　　　**02** 20, 24, 30
03 (1) 1 ℃
　(2)

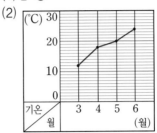

04 물결선, 작게
05 (1) 82점부터 95점까지
　(2) 1점
　(3)

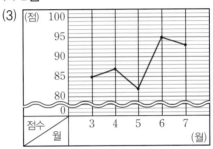

06 ㉰
07 (1) 24 cm　　　　(2) 약 130 cm
08 ④　　　　　　　**09** 오후 6시
10 오후 8시, 오후 9시　**11** 11 ℃
12 ㉖ 온도가 4 ℃보다 낮아질 것 같습니다.

07 (1) 136－112＝24(cm)
　(2) 3학년 3월 2일에 124 cm, 4학년 3월 2일에 136 cm이므로 그 중간인 약 130 cm입니다.

10 선분이 가장 많이 기울어진 부분을 찾아보면 오후 8시와 오후 9시 사이입니다.

11 오후 6시의 온도는 15 ℃이고 오후 10시의 온도는 4 ℃이므로 15－4＝11(℃)만큼 내려갔습니다.

01 꺾은선그래프　**02** 연도, 생산량

03 50대　**04** 2024년

05 2024년　**06** 연도, 인구 수

07 1000명　**08** 2024년

09 2022년　**10** ㉢, ㉡, ㉣, ㉠, ㉤

11 예 1 ℃

12
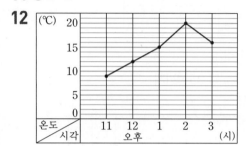

13 27 kg부터 28.3 kg까지

14
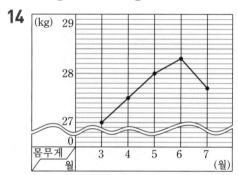

15
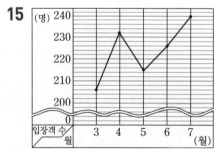

16 8월 1일과 9월 1일　**17** 10월

18 1.9 kg　**19** 33.8 kg

20 34 kg보다 늘어날 것 같습니다.

03 10칸이 500대를 나타냅니다.

05 선분이 가장 많이 기울어진 때를 찾습니다.

07 5칸이 5000명을 나타냅니다.

08 선분이 가장 많이 기울어진 때를 찾습니다.

09 선분이 가장 적게 기울어진 때를 찾습니다.

18 6월에는 32.1 kg이고 12월에는 34 kg이므로 34－32.1＝1.9(kg)만큼 늘어났습니다.

19 11월 1일에는 33.6 kg이고 12월 1일에는 34 kg이므로 11월 15일에 지혜의 몸무게는 중간값인 33.8 kg 이라고 예상할 수 있습니다.

6. 다각형

step 1 원리 꼼꼼 158쪽

원리 확인 **1** (1) 가, 나, 다, 마, 바, 아, 자
(2) 가, 마, 삼각형
(3) 다, 자, 사각형
(4) 나, 아, 오각형
(5) 라, 사, 차, 다각형

step 2 원리 탄탄 159쪽

1 선분, 다각형, 변의 수

2 (1) 오각형　　　　 (2) 칠각형

3 가 도형은 곡선과 선분으로 둘러싸인 도형이므로 다각형이 아니고, 나 도형은 선분으로 완전히 둘러싸여 있지 않고 빈 공간이 있으므로 다각형이 아닙니다.

4 ⑤

step 3 원리 척척 160~161쪽

1 가, 다, 라, 바, 사, 자

2 선분으로만 둘러싸여 있지 않습니다.

3 라, 자　　　　 **4** 다

5 삼각형, 팔각형, 육각형

6 가, 나, 라, 바, 사, 자, 차

7 나, 라, 바, 자　　 **8** 차

9 사

10 (1) 사각형　　　　 (2) 오각형
　　(3) 삼각형　　　　 (4) 팔각형

6 선분으로만 둘러싸인 도형을 찾습니다.

step 1 원리 꼼꼼 162쪽

원리 확인 **1** (1) 가, 나, 다, 마, 사 / 라, 바, 아
(2) 나, 다, 마, 바, 사 / 가, 라, 아
(3) 나, 다, 마, 사
(4) 나, 다, 마, 사, 정다각형

step 2 원리 탄탄 163쪽

1 정다각형　　　 **2** 다, 마, 사, 아

3 마　　　　　　 **4** 아

5 사, 정육각형　 **6** 5, 60

step 3 원리 척척 164~165쪽

1 정다각형

2 정삼각형, 정사각형, 정오각형, 정육각형

3 나, 다, 라, 바, 사, 아

4 다, 바, 아

5 변의 길이와 각의 크기가 각각 모두 같지는 않습니다.

6 정사각형, 정오각형, 정삼각형

7 가, 다, 아　　　 **8** 가, 정삼각형

9 다, 정사각형　　 **10** 아, 정오각형

11 48　　　　　　 **12** 9

step 1 원리 꼼꼼 166쪽

원리 확인 **1** (1)　　　　　　　 (2) 대각선

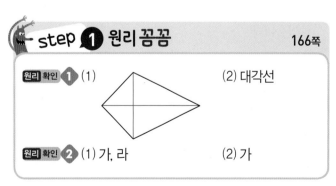

원리 확인 **2** (1) 가, 라　　　　 (2) 가

1 (2) 다각형에서 이웃하지 않은 두 꼭짓점을 이은 선분을 대각선이라고 합니다.

step 2 원리탄탄 167쪽

1 ①, ②

2 (1) 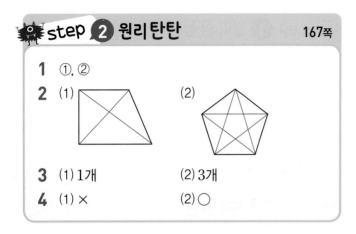 (2)

3 (1) 1개 (2) 3개

4 (1) × (2) ○

2 (1) 사각형은 2개의 대각선을 그을 수 있습니다.
(2) 오각형은 5개의 대각선을 그을 수 있습니다.

3 (2) 이웃하지 않는 두 꼭짓점을 이어야 하므로 육각형은
한 꼭짓점에서 3개의 대각선을 그을 수 있습니다.

4 마름모는 두 대각선이 수직으로 만나는 사각형입니다.

step 3 원리척척 168~169쪽

1 ○	**2** ×
3 ×	**4** ○
5 2개	**6** 9개
7 2개	**8** 5개
9 5개	**10** 9개
11 마, 바, 아	**12** 라, 바
13 다, 라, 마, 바, 사, 아	**14** 바
15 라, 바	**16** ①, ③

16 이웃하지 않은 두 꼭짓점이 있어야 대각선을 그릴 수
있습니다.

step 1 원리꼼꼼 170쪽

원리확인 1 (1) 예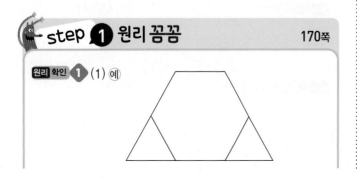

(2) 예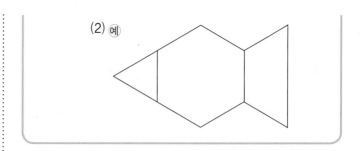

step 2 원리탄탄 171쪽

1 예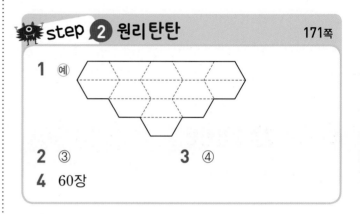

2 ③ **3** ④

4 60장

2 ⑤번 모양으로 다음과 같이 덮을 수 있습니다.

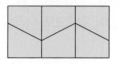

3 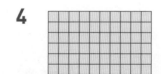 원으로 빈틈없이 덮을 수 없습니다.

4

가로는 2 cm씩, 세로는 2 cm씩 나누어 보면 가로는
10등분, 세로는 6등분 하게 됩니다.
따라서 정사각형 모양의 색종이는
10×6=60(장) 필요합니다.

step 3 원리척척 172~173쪽

1 [방법 1] 예

[방법 2] 예

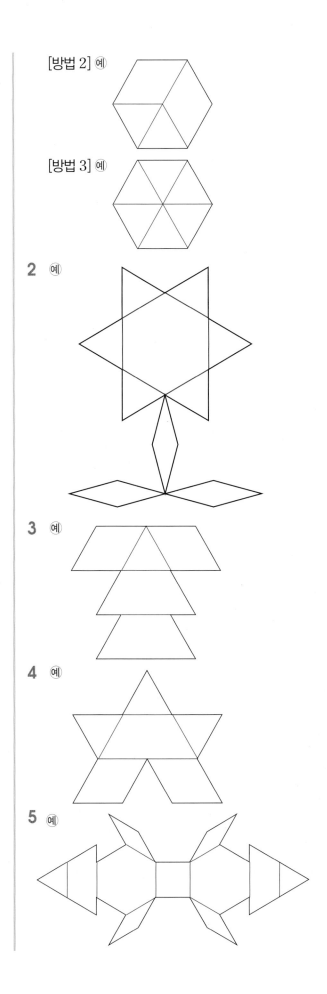

[방법 3] 예

2 예

3 예

4 예

5 예

6 예

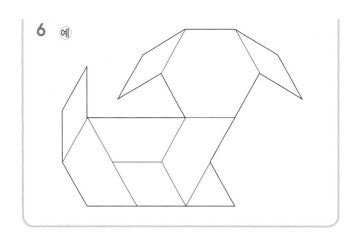

step 4 유형 콕콕   174~175쪽

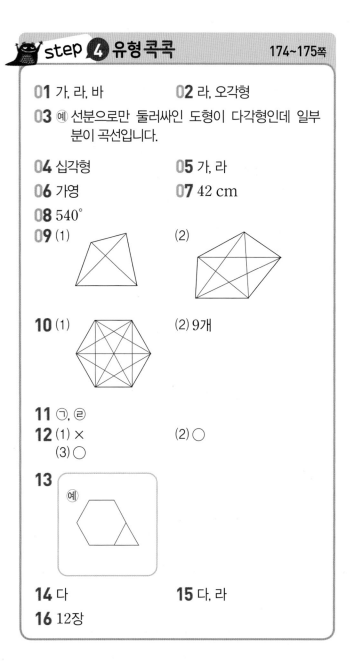

01 가, 라, 바   02 라, 오각형
03 예 선분으로만 둘러싸인 도형이 다각형인데 일부분이 곡선입니다.

04 십각형   05 가, 라
06 가영   07 42 cm
08 540°
09 (1)   (2)

10 (1)   (2) 9개

11 ㉠, ㉣
12 (1) ×   (2) ○
   (3) ○
13
   예

14 다   15 다, 라
16 12장

05 변의 길이가 모두 같고, 각의 크기도 모두 같은 다각형을 찾아보면 가와 라입니다.

07 6개의 변의 길이가 모두 같으므로
$7 \times 6 = 42$(cm)입니다.

08 정오각형에는 각이 5개 있고, 크기는 모두 같으므로 모든 각의 크기의 합은 $108° \times 5 = 540°$입니다.

09 이웃하지 않은 두 꼭짓점을 이어 봅니다.

10 (2) 한 꼭짓점에서 그을 수 있는 대각선 수는 3개이므로 $3 \times 6 \div 2 = 9$(개)에서 육각형에서 그을 수 있는 대각선은 9개입니다.

16
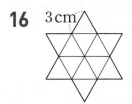

3 cm

01 가, 나, 라, 바   **02** 가, 바

03 오각형

04 예 다각형은 선분으로 둘러싸인 도형인데 주어진 도형은 선분으로 둘러싸여 있지 않으므로 다각형이 아닙니다.

05 정팔각형

06 (위에서부터) 120, 6   **07** 정구각형

08 ④   **09** 5개

10 ②   **11** ㉢, ㉡, ㉠

12 ㉣   **13** 24 cm

14 나, 라   **15** 나, 다, 라, 바

16 9개   **17** ㉢

18 예 네 각의 크기는 모두 90°로 같지만 네 변의 길이가 모두 같지는 않기 때문에 정다각형이 아닙니다.

19 [방법 1] 예
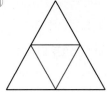

[방법 2] 예
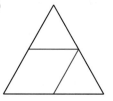

20 풀이 참조 / 14 cm

01 선분으로만 둘러싸인 도형을 찾아보면 가, 나, 라, 바입니다.

02 변의 길이와 각의 크기가 모두 같은 다각형을 찾아보면 가, 바입니다.

03 변이 5개인 다각형이므로 오각형입니다.

07 정다각형은 변의 길이가 모두 같으므로 변은
$72 \div 8 = 9$(개)입니다.
따라서 변이 9개인 정다각형이므로 정구각형입니다.

11 ㉠ 0개   ㉡ 9개   ㉢ 27개

12 두 대각선의 길이가 같은 사각형 ➡ ㉡, ㉣
두 대각선이 서로 수직으로 만나는 사각형
➡ ㉠, ㉣

13 평행사변형은 한 대각선이 다른 대각선을 반으로 나누므로 두 대각선의 길이의 합은
$7 + 7 + 5 + 5 = 24$(cm)입니다.

14 두 대각선의 길이가 같은 사각형은 직사각형과 정사각형입니다.

15 한 대각선이 다른 대각선을 반으로 나누는 사각형은 평행사변형, 마름모, 직사각형, 정사각형입니다.

16 선을 그어 나타내어보면 작은 직각삼각형이 큰 직각삼각형을 밑변으로 3등분, 높이로 3등분됩니다.
따라서 직각삼각형은 9개 필요합니다.

20 정육각형은 6개의 변의 길이가 모두 같습니다.
따라서 정육각형의 한 변의 길이는
$84 \div 6 = 14$(cm)입니다.

정답과
풀이